DIANWANG QIYE ANQUAN YINHUAN GUANLI SHIYONG SHOUCE

电网企业安全隐患管理实用手册

国网河北省电力有限公司安全监察部 编

中国电力出版社
CHINA ELECTRIC POWER PRESS

内 容 提 要

为指导电网企业管理人员及基层单位人员更好地开展隐患排查治理工作，国网河北省电力有限公司安全监察部在梳理安全隐患管理业务、收集各单位隐患排查治理工作成果的基础上，编制了《电网企业安全隐患管理实用手册》。

本书以国家相关法律法规和国家电网有限公司安全隐患排查治理相关管理规定为依据，对安全隐患的概念、管理组织机构及职责、安全隐患排查治理流程、绿色通道管理、考核管理、报送报阅管理、档案管理等方面进行了全方位的详细梳理，特别对安全隐患档案填写规范进行了规范和统一。

本书可作为电网企业从事安全隐患排查治理的各级管理人员及基层单位人员的辅助工具和参考资料。

图书在版编目（CIP）数据

电网企业安全隐患管理实用手册 / 国网河北省电力有限公司安全监察部编 .—北京：中国电力出版社，2019.5（2020.5重印）

ISBN 978-7-5198-3145-5

Ⅰ．①电⋯　Ⅱ．①国⋯　Ⅲ．①电力工业－工业企业管理－安全管理－中国－手册　Ⅳ．① TM08-62

中国版本图书馆 CIP 数据核字（2019）第 085285 号

出版发行：中国电力出版社
地　　址：北京市东城区北京站西街 19 号
邮政编码：100005
网　　址：http://www.cepp.sgcc.com.cn
责任编辑：周秋慧（010-63412627）
责任校对：黄　蓓　闫秀英
装帧设计：赵姗姗
责任印制：石　雷

印　　刷：三河市万龙印装有限公司
版　　次：2019 年 7 月第一版
印　　次：2020 年 5 月北京第二次印刷
开　　本：787 毫米 ×1092 毫米　横 16 开本
印　　张：10
字　　数：238 千字
印　　数：5001—10000 册
定　　价：45.00 元

编　委　会

前　言

党中央、国务院高度重视安全生产工作，始终把安全生产摆在十分突出的位置。国家电网有限公司作为关系国民经济命脉和国家能源安全的特大型国有重点骨干企业，经营区域覆盖国土面积88%，供电服务人口超过11亿，确保电网安全生产是国家电网有限公司履行政治责任、经济责任和社会责任的根本要求。近年来，国家电网有限公司认真贯彻国家安全生产法规制度和工作要求，结合生产实践，牢固树立"大安全"观和安全发展理念，持续开展安全管理提升活动，构建预防为主的安全管理体系，在安全生产体制机制建设上不断积累、探索、创新和实践，推进安全管理向事前预防、系统管控发展，逐步形成了符合电网特点、反映国家电网有限公司实践、具有鲜明特色的较为完善的安全管理体系，有效保证了国家电网长期安全稳定局面，为经济社会发展提供了安全可靠的电力支撑。

建立健全安全隐患排查治理长效工作机制是落实"安全第一、预防为主、综合治理"方针、夯实安全生产基础的重要任务。国网河北省电力有限公司（简称国网河北电力）高度重视安全隐患排查治理工作，按照"谁主管、谁负责"，明确责任主体，落实责任分工，实行横向协同、纵向延伸，以"全覆盖、勤排查、快治理"为导向，多角度开展安全隐患排查治理。通过一系列举措，国网河北电力逐步健全了安全隐患管理机制，提升了电网企业安全生产管理水平。

为指导电网企业管理人员及基层单位人员更好地开展隐患排查治理工作，国网河北电力安全监察部在梳理安全隐患管理业务、收集各单位隐患排查治理工作成果的基础上，编制了《电网企业安全隐患管理实用手册》（简称《手册》）。《手册》以国家相关法律法规及国家电网有限公司、国网河北电力安全隐患排查治理相关管理规定为依据，对安全隐患的概念、管理组织机构及职责、安全隐患排查治理流程、绿色通道管理、考核管理、报送报阅管理、档案管理等方面进行了全方位的详细梳理，特别对安全隐患档案填写进行了规范和统一，可作为电网企业从事安全隐患排查治理的各级管理人员及基层单位人员的辅助工具和参考资料。需要注意的是，《手册》安全隐患档案范例中的"防控措施"仅作为指导和参考，在实际应用时应结合隐患性质和各单位实际情况制定相应科学合理的防控措施。希望能为读者提供更多的启发和借鉴。

谨向提供编写资料的同仁致以深深的谢意，同时感谢公司系统各直属单位、各专业职能部门的大力支持。

由于编者业务水平及工作经验所限，书中难免有疏漏或不妥之处，敬请广大读者提出宝贵意见。

编　者

2019 年 3 月

目　录

第1章 总则

为贯彻"安全第一、预防为主、综合治理"的方针，规范电网企业安全隐患排查治理工作流程，明确各级单位、各部门隐患排查治理工作职责，指导员工辨识危害和明确隐患防范治理措施，提升安全隐患管理水平，确保更好地消除影响人身、电网、设备、信息系统等安全隐患，根据《中华人民共和国电力法》《中华人民共和国安全生产法》等国家相关法律法规和《国家电网公司安全隐患排查治理管理办法》《国家电网公司安全事故调查规程（2017 修正版）》等国家电网有限公司的有关制度及规程，制定《电网企业安全隐患管理实用手册》（简称《手册》）。

本手册适用于国网省电力公司及所属各单位，其他电网企业也可参照学习使用。

第2章 安全隐患排查治理基础知识

为将安全隐患排查治理的基础知识讲述清楚，本章先以政府、社会层面为视角将安全隐患的定义、分类、特征等通用概念进行介绍，再以电力行业层面为视角介绍行业内部对安全隐患的定义、分级和分类。

2.1 通用概念

2.1.1 安全隐患的定义（通用）

《安全生产事故隐患排查治理暂行规定》（国家安全生产监督管理总局令第 16 号）中规定：安全隐患，是指生产经营单位违反安全生产法律、法规、规章、标准、规程和安全生产管理制度的规定，或者因其他因素在生产经营活动中存在可能导致事故发生的物的危险状态、人的不安全行为和管理上的缺陷。

2.1.2 安全隐患的分类（通用）

安全隐患分为一般事故隐患和重大事故隐患。一般事故隐患，是指危害和整改难度较小，发现后能够立即整改排除的隐患。重大事故隐患，是指危害和整改难度较大，应当全部或者局部停产停业，并经过一定时间整改治理方能排除的隐患，或者因外部因素影响致使生产经营单位自身难以排除的隐患。

2.1.3 安全隐患的特征（通用）

1. 隐蔽性

隐患是潜藏的祸患，它具有隐蔽、藏匿、潜伏的特点，是不可明见的灾祸，是埋藏在生产过程中的隐形炸弹。它在一定的时间、一定的范围、一定的条件下，显现出好似静止、不变的状态，往往使人一时看不清楚，意识不到，感觉不出它的存在。

2. 危险性

在安全工作中小小的隐患往往引发巨大的灾害。

3. 因果性

某些事故的突然发生是会有先兆的，隐患是事故发生的先兆，而事故则是隐患存在和发展的必然结果。在企业组织生产的过程中，每个人的言行都会对企业安全管理工作产生不同的效果，特别是企业领导对待事故隐患所持的态度不同，往往会导致安全生产的结果截然不同，就是这种因果关系的体现。

4. 关联性

实践中，常常遇到一种隐患掩盖另一种隐患，一种隐患与其他隐患相联系而存在的现象。

5. 重复性

事故隐患治理过一次或若干次后，并不等于隐患从此销声匿迹，永不发生了，也不会因为发生一两次事故，就不再重复发生类似隐患和重演历史的悲剧。只要企业的生产方式、生产条件、生产工具、生产环境等因素未改变，同一隐患就会重复发生。甚至在同一区域、同一地点发生与历史惊人相似的隐患、事故，这种重复性也是事故隐患的重要特征之一。

6. 意外性

这里所指的意外性不是天灾人祸，而是指未超出现有安全、卫生标准的要求和规定以外的事故隐患。这些隐患潜伏于人—机系统中，有些隐患超出人们认识范围，或在短期内很难为劳动者所辨认，但由于它具有很大的巧合性，因而容易导致一些意想不到的事故的发生。

7. 时效性

从发现到消除过程中，讲求时效，是可以避免隐患演变成事故的；反之，时至而疑，知患而处，不能有效地把握隐患治理在

初期，必然会导致严重后果。

8. 特殊性

隐患具有特殊性。由于人、机、料、法、环的本质安全水平不同，其隐患属性、特征是不尽相同的。在不同的行业、不同的企业、不同的岗位，其表现形式和变化过程，更是千差万别的。即使同一种隐患，在使用相同的设备、相同的工具从事相同性质的作业时，其隐患存在也会有差异。

9. 季节性

某些隐患带有明显的季节性和特点，它随着季节的变化而变化。充分认识各个季节的特点，适时地、有针对性地做好隐患季节性防治工作，对于企业的安全生产也是十分重要的。

2.2 电力行业基础知识

2.2.1 安全隐患的定义

《国家电网公司安全隐患排查治理管理办法》[国网（安监/3）481—2014]中规定的安全隐患定义为：安全风险程度较高，可能导致事故发生的作业场所、设备设施、电网运行的不安全状态、人的不安全行为和安全管理方面的缺失。

2.2.2 安全隐患的分级

《国家电网公司安全隐患排查治理管理办法》[国网（安监/3）481—2014]根据可能造成的事故后果，将安全隐患分为Ⅰ级重大事故隐患、Ⅱ级重大事故隐患、一般事故隐患和安全事件隐患四个等级。见表2-1。

表 2-1 安 全 隐 患 分 级

可能造成的后果	隐患定级
1. 1~2 级人身、电网或设备事件 2. 水电站大坝溃决事件 3. 特大交通事故，特大或重大火灾事故 4. 重大以上环境污染事件	Ⅰ级重大事故隐患
1. 3~4 级人身或电网事件 2. 3 级设备事件，或 4 级设备事件中造成 100 万元以上直接经济损失的设备事件，或造成水电站大坝漫坝、结构物或边坡垮塌、泄洪设施或挡水结构不能正常运行事件 3. 5 级信息系统事件 4. 重大交通，较大或一般火灾事故 5. 较大或一般等级环境污染事件 6. 重大飞行事故 7. 安全管理隐患：安全监督管理机构未成立，安全责任制未建立，安全管理制度、应急预案严重缺失，安全培训不到位，发电机组（风电场）并网安全性评价未定期开展，水电站大坝未开展安全注册和定期检查等	Ⅱ级重大事故隐患
1. 5~8 级人身事件 2. 其他 4 级设备事件，5~7 级电网或设备事件 3. 6~7 级信息系统事件 4. 一般交通事故，火灾（7 级事件） 5. 一般飞行事故 6. 其他对社会造成影响事故的隐患	一般事故隐患
1. 8 级电网或设备事件 2. 8 级信息系统事件 3. 轻微交通事故，火警（8 级事件） 4. 通用航空事故征候，航空器地面事故征候	安全事件隐患

注：上述人身、电网、设备和信息系统事件，依据《国家电网公司安全事故调查规程（2017 修正版）》认定。交通、火灾、环境污染和飞行事故等依据国家有关规定认定。

确定安全隐患等级的流程如图 2-1 所示。

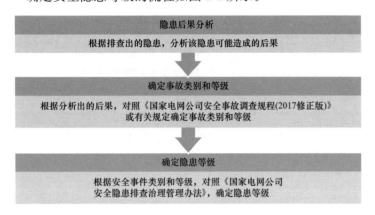

图 2-1　确定安全隐患等级的流程图

2.2.3　安全隐患的分类

《国家电网公司安全隐患排查治理管理办法》［国网（安监/3）481—2014］中将安全隐患划分为电网运行及二次系统、输电、变电、配电、发电、电网规划、电力建设、信息通信、环境保护、交通、消防、装备制造、煤矿、安全保卫、后勤和其他共十六大类进行统计，每一类均包含设备、系统、管理和其他隐患。

第 3 章　安全隐患管理组织机构及职责

3.1　各级单位组织机构及职责划分

根据"统一领导、落实责任、分级管理、分类指导、全员参与"的要求，建立省、地市和县电力公司级单位组成的三级隐患排查治理工作机制。如图 3-1 所示。

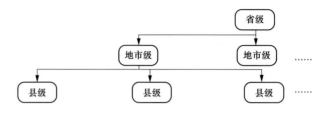

图 3-1　三级隐患排查治理工作机制

3.1.1　省电力公司的主要职责

（1）负责重大事故隐患排查治理的闭环管理。

（2）贯彻执行政府部门及国家电网有限公司有关要求，组织所属单位开展隐患排查治理工作，保证隐患排查治理所需资金投入和物资供应。各专业职能部门对分管专业范围内安全隐患的排查治理负有管理职责。

（3）核定所属单位上报的重大事故隐患，组织制定、审查批准治理方案，监督、协调治理方案实施，对治理结果进行验收。

（4）对由于主网架结构性缺陷，或主设备普遍性问题，以及重要枢纽变电站、跨多个地市公司级单位管辖的重要输电线路处于检修或切改状态造成的隐患进行排查、评估、定级，制订治理方案，明确治理责任主体，并组织实施。

（5）按照国家电网有限公司总部部分委托范围，具体负责受委托运行维护的跨区电网隐患排查治理。

（6）检查所属单位隐患排查治理开展情况，协调解决所属单位在工作执行过程中遇到的各种问题，针对共性、苗头性、倾向性安全隐患，适时组织开展专项排查治理活动。

（7）汇总、统计、分析本单位隐患排查治理情况，向国家电网有限公司和地方政府有关部门汇报。

（8）督促承担境外工程项目的送变电施工企业参照本书相关规定开展隐患排查治理工作。

3.1.2 地市公司级单位的主要职责

（1）负责本单位安全隐患的排查和评估定级；负责审定县公司级单位上报的一般事故隐患；负责初步审核县公司级单位上报的重大事故隐患；对评估为重大等级的隐患，及时报省电力公司核定。

（2）根据省电力公司的安排，负责重大事故隐患控制、治理等相关工作，负责一般事故隐患治理的闭环管理，归口管理并协调、督促所属二级机构、县公司级单位开展安全事件隐患排查治理。各专业职能部门对分管专业范围内安全隐患的排查治理负有管理职责。

（3）受省电力公司委托，编制重大事故隐患治理方案，报送省电力公司审查。

（4）根据省电力公司指导和安排，具体实施重大事故隐患的治理，对重大事故隐患治理结果进行预验收并向省电力公司申请验收。

（5）负责本单位隐患排查治理情况汇总、统计、分析和上报工作。

（6）协调当地政府相关部门或其他行业单位，促进隐患排查治理。

3.1.3 县公司级单位的主要职责

（1）负责本单位安全隐患的排查和评估定级。负责审定本单位的安全事件隐患，对评估为重大和一般事故隐患的，及时报地市公司级单位审核。

（2）根据地市公司级单位的安排，负责重大和一般事故隐患控制、治理方案的编制、实施、验收申请等相关工作，负责安全事件隐患治理的闭环管理。

（3）负责本单位隐患排查治理情况的汇总、统计、分析和上报工作。

（4）协调当地政府相关部门或其他行业单位，促进隐患排查治理。

3.2 各部门组织机构及职责划分

（1）各级单位主要负责人对本单位隐患排查治理工作负全责。

（2）安全隐患所在单位是安全隐患排查、治理和防控的责任主体。

（3）发展策划、人力资源、运维检修、调度控制、基建、营销、农电、科技（环保）、信息通信、消防保卫、后勤和产业等部门是本专业隐患的归口管理部门，负责组织、指导、协调专业范围内隐患排查治理工作，承担闭环管理责任。

（4）各级安全监察部门是隐患排查治理的监督部门，负责督办、检查隐患排查治理工作，归口管理相关数据的汇总、统计、分析、上报。

（5）各班组、乡镇供电所结合设备运维、监测、试验或检修、施工等日常工作排查安全隐患，根据上级安排开展专项安全隐患排查和治理工作，负责职责范围内安全隐患的上报、管控和治理工作。

第4章 安全隐患排查治理流程

隐患排查治理应纳入日常工作中，按照"排查—评估—治理—验收"的流程形成闭环管理。如图4-1所示。

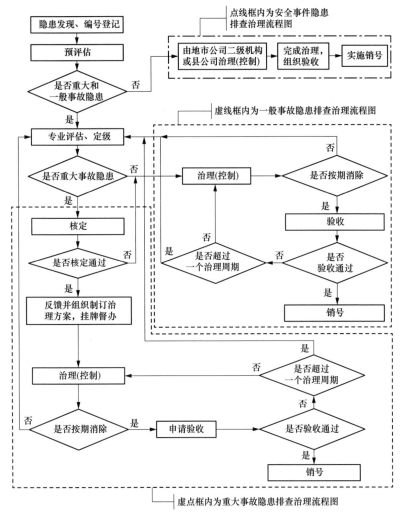

图 4-1 安全隐患排查治理流程图

4.1 排查

4.1.1 排查要求

各级单位、各专业应采取技术、管理措施,结合常规工作、专项工作和监督检查工作排查、发现安全隐患,明确排查的范围和方式方法,专项工作还应制订排查方案。

4.1.2 排查范围

排查范围应包括所有与生产经营相关的安全责任体系、管理制度、场所、环境、人员、设备设施和活动等。

4.1.3 排查方式

(1)电网年度和临时运行方式分析。

(2)各类安全性评价或安全标准化查评。

(3)各级各类安全检查。

(4)各专业结合月度、阶段性重点工作和"二十四节气表"组织开展的专项隐患排查。

(5)设备日常巡视、检修预试、在线监测和状态评估、季节性(节假日)检查。

(6)风险辨识或危险源管理。

(7)已发生事故、异常、未遂、违章的原因分析,事故案例或安全隐患范例学习等。

4.2 评估

(1)安全隐患的等级由隐患所在单位按照预评估、评估、认定三个步骤确定。

(2)重大事故隐患由省电力公司或总部相关职能部门认定,一般事故隐患由地市公司级单位认定,安全事件隐患由地市公司级单位的二级机构或县公司级单位认定。

(3)地市和县公司级单位对于发现的隐患应立即进行预评

估。初步判定为一般事故隐患的，1周内报地市公司级单位的专业职能部门，地市公司级单位接报告后1周内完成专业评估、主管领导审定，确定后1周内反馈意见；初步判定为重大事故隐患的，立即报地市公司级单位专业职能部门，经评估仍为重大隐患的，地市公司级单位立即上报省电力公司专业职能部门核定，省电力公司应于3天内反馈核定意见，地市公司级单位接核定意见后，应于24小时内通知重大事故隐患所在单位。

（4）地市公司级单位评估判断存在重大事故隐患后应按照管理关系以电话、传真、电子邮件或信息系统等形式立即上报省电力公司的专业职能部门和安全监察部门，并于24小时内将详细内容报送省电力公司专业职能部门核定。

（5）省电力公司对主网架结构性缺陷、主设备普遍性问题，以及由于重要枢纽变电站、跨多个地市公司级单位管辖的重要输电线路处于检修或切改状态造成的隐患进行评估，确定等级。

（6）跨区电网出现重大事故隐患，省电力公司应立即报告委托单位有关职能部门和安全监察部门。

4.3 治理

（1）安全隐患一经确定，隐患所在单位应立即采取防止隐患发展的控制措施，防止事故发生，同时根据隐患具体情况和急迫程度，及时制定治理方案或措施，抓好隐患整改，按计划消除隐患，防范安全风险。

重大事故隐患治理应制订治理方案，由省电力公司专业职能部门负责或其委托地市公司级单位编制，省电力公司审查批准，在核定隐患后30天内完成编制、审批，并由专业部门定稿后3天内抄送省电力公司安全监察部门备案，受委托管理设备单

位应在定稿后5天内抄送委托单位相关职能部门和安全监察部门备案。

（3）重大事故隐患治理方案应包括：隐患的现状及其产生原因；隐患的危害程度和整改难易程度分析；治理的目标和任务；采取的方法和措施；经费和物资的落实；负责治理的机构和人员；治理的时限和要求；防止隐患进一步发展的安全措施和应急预案。

（4）一般事故隐患治理应制定治理方案或管控（应急）措施，由地市公司级单位负责在审定隐患后15天内完成。其中，第十七条第四款规定的隐患治理方案由省电力公司专业职能部门编制，并经本单位批准。

（5）安全事件隐患应制定治理措施，由地市公司级单位二级机构或县公司级单位在隐患认定后1周内完成，地市公司级单位有关职能部门予以配合。

（6）安全隐患治理应结合电网规划和年度电网建设、技改、大修、专项活动、检修维护等进行，做到责任、措施、资金、期限和应急预案"五落实"。

（7）国家电网有限公司总部、分部、省电力公司和地市公司级单位应建立安全隐患治理快速响应机制，设立绿色通道，将治理隐患项目统一纳入综合计划和预算优先安排，对计划和预算外急需实施的项目须履行相应决策程序后实施，报总部备案，作为综合计划和预算调整的依据；对治理隐患所需物资应及时调剂、保障供应。

（8）未能按期治理消除的重大事故隐患，经重新评估仍确定为重大事故隐患的须重新制订治理方案，进行整改。对经过治理、危险性确已降低、虽未能彻底消除但重新评估定级降为一般

事故隐患的，经省电力公司核定可划为一般事故隐患进行管理，在重大事故隐患中销号，但省电力公司要动态跟踪直至彻底消除。

（9）未能按期治理消除的一般事故隐患或安全事件隐患，应重新进行评估，依据评估后等级重新填写"重大、一般事故或安全事件隐患排查治理档案表"，重新编号，原有编号消除。

4.4 验收

（1）隐患治理完成后，隐患所在单位应及时报告有关情况、申请验收。省电力公司组织对重大事故隐患治理结果和第十七条第四款规定的安全隐患进行验收，地市公司级单位组织对一般事故隐患治理结果进行验收，县公司级单位或地市公司级单位二级机构组织对安全事件隐患治理结果进行验收。

（2）事故隐患治理结果验收应在提出申请后10天内完成。验收后填写"重大、一般事故或安全事件隐患排查治理档案表"。重大事故隐患治理应有书面验收报告，并由专业部门定稿后3天内抄送省电力公司安全监察部门备案，受委托管理设备单位应在定稿后5天内抄送委托单位相关职能部门和安全监察部门备案。

（3）隐患所在单位对已消除并通过验收的应销号，整理相关资料，妥善存档；具备条件的应将书面资料扫描后上传至信息系统存档。

第5章 重大、重点安全隐患管理

5.1 适用范围
重大、重点安全隐患适用范围如图5-1所示。

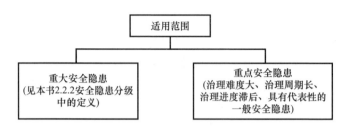

图5-1 重大、重点安全隐患管理适用范围

5.2 管理方式
为强化重大、重点安全隐患闭环管控，对于重大、重点隐患实施"两单一表"（安全督办单、安全整改反馈单和安全整改过程管控表）管理。省电力公司所属各级单位的各级专业职能部门应对本专业内重大、重点安全隐患的整改情况进行指导、跟踪、督检，尽快、彻底消除安全隐患。

5.3 管理流程
"两单一表"的闭环管控，按照"签发督办单—制定管控表—上报反馈单"的流程开展，如图5-2所示。

5.4 "两单一表"填写规范
1. 督办单填写规范

（1）采用"单位（部门）简称＋年份（四位）＋序号（两位）"原则连续编号。

（2）抬头填写接收单位名称（全称）。除抬头外，其他均使用单位简称。

（3）重大、重点安全隐患描述应清楚，客观实际。可附页、附图。

2. 管控表填写规范

（1）编号及重大、重点隐患栏应与督办单上保持一致。

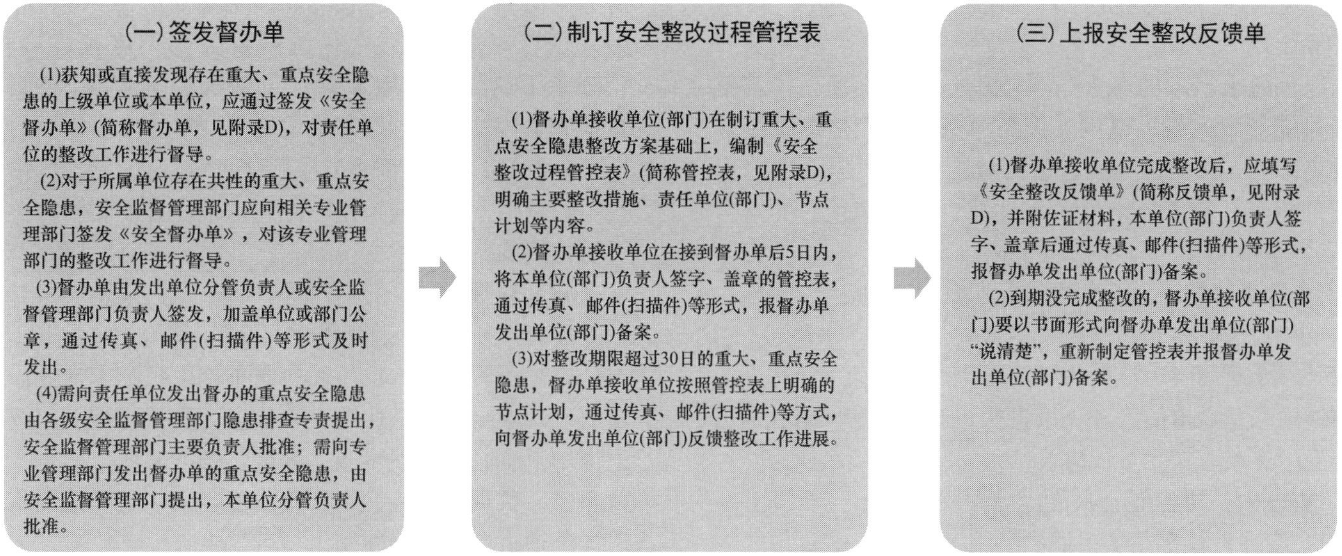

（一）签发督办单	（二）制订安全整改过程管控表	（三）上报安全整改反馈单
（1）获知或直接发现存在重大、重点安全隐患的上级单位或本单位，应通过签发《安全督办单》(简称督办单，见附录D)，对责任单位的整改工作进行督导。 （2）对于所属单位存在共性的重大、重点安全隐患，安全监督管理部门应向相关专业管理部门签发《安全督办单》，对该专业管理部门的整改工作进行督导。 （3）督办单由发出单位分管负责人或安全监督管理部门负责人签发，加盖单位或部门公章，通过传真、邮件(扫描件)等形式及时发出。 （4）需向责任单位发出督办的重点安全隐患由各级安全监督管理部门隐患排查专责提出，安全监督管理部门主要负责人批准；需向专业管理部门发出督办单的重点安全隐患，由安全监督管理部门提出，本单位分管负责人批准。	（1）督办单接收单位(部门)在制订重大、重点安全隐患整改方案基础上，编制《安全整改过程管控表》(简称管控表，见附录D)，明确主要整改措施、责任单位(部门)、节点计划等内容。 （2）督办单接收单位在接到督办后5日内，将本单位(部门)负责人签字、盖章的管控表，通过传真、邮件(扫描件)等形式，报督办单发出单位(部门)备案。 （3）对整改期限超过30日的重大、重点安全隐患，督办单接收单位按照管控表上明确的节点计划，通过传真、邮件(扫描件)等方式，向督办单发出单位(部门)反馈整改工作进展。	（1）督办单接收单位完成整改后，应填写《安全整改反馈单》(简称反馈单，见附录D)，并附佐证材料，本单位(部门)负责人签字、盖章后通过传真、邮件(扫描件)等形式，报督办单发出单位(部门)备案。 （2）到期没完成整改的，督办单接收单位(部门)要以书面形式向督办单发出单位(部门)"说清楚"，重新制定管控表并报督办单发出单位(部门)备案。

图 5-2 "两单一表"闭环管控流程

（2）整改主要措施按照实施责任主体分别描述，按照实施完成时间先后顺序填写。

（3）责任部门与每条措施相对应，填写简称。

（4）计划完成期限应与每条措施相对应，具体到天。如2016-6-10、2016-8-12 等。

（5）备注栏与每条措施相对应，已按计划完成的，打"√"；没完成的，填写实际完成时间，并说明原因。

（6）第一次报送时，签字栏由督办单接收单位负责人手签。

3. 反馈单填写规范

（1）抬头填督办单发出单位（部门）全称。

（2）反馈内容包括采取的主要措施，整改后的效果等。可另附相应的文件、图片、视频等资料佐证。

（3）反馈单应由本单位负责人手签，并加盖公章。

第6章 安全隐患绿色通道管理

6.1 安全隐患绿色通道的内涵

6.1.1 定义

安全隐患治理绿色通道是指为巩固"全覆盖、勤排查、快治理"工作格局，实现安全隐患责任、措施、资金、期限、预案的五落实，而快速治理安全隐患的工作机制。

6.1.2 范围

可纳入绿色通道治理的安全隐患范围包括：经评估，若不迅速治理极可能导致人身、电网、设备事故、五级信息系统事件、五级设备事件（通信专业）、重大社会影响，但治理该安全隐患所需的资金、物资等未列入年度综合计划和预算的安全隐患。

6.2 安全隐患绿色通道管理机构及职责

6.2.1 决策机构

省电力公司及所属各单位的各级安全生产委员会（简称安委会）是本单位内绿色通道的管理决策机构，对提议纳入绿色通道治理的安全隐患逐条审核，形成决议。

6.2.2 省电力公司各部门职责

6.2.2.1 专业职能部门主要职责

（1）负责核定所属单位上报的需纳入绿色通道治理的安全隐患，协调本单位安全监督管理部门及相关部门对安全隐患开展审查、评级、备案工作。

（2）组织制订或审查安全隐患治理方案，对安全隐患治理实施全过程专业指导，确保绿色通道资金正确使用。

6.2.2.2 发展部主要职责

负责将本单位安全隐患绿色通道治理项目纳入综合计划调整建议，优先在本单位年度计划规模内统筹安排；根据国网发展部综合计划调整安排，细化分解下达安全隐患绿色通道治理项目的综合计划，监督检查计划执行情况。

6.2.2.3 财务部主要职责

负责开展有关安全隐患绿色通道治理项目可研经济性与

财务合规性审查；负责将本单位安全隐患绿色通道治理项目纳入预算调整建议；根据国网财务部年度预算调整安排，细化分解下达相关费用预算；负责组织开展预算执行分析和监督检查。

6.2.2.4 物资部主要职责

负责纳入绿色通道安全隐患治理所需的物资调拨，优先组织所需物资的调配采购。

6.2.3 地市级单位各部门职责

6.2.3.1 各专业管理部门主要职责

（1）负责核定本单位和所属单位上报的本专业需纳入绿色通道治理的安全隐患，协调本单位安全监督管理部门及相关部门对上报的安全隐患开展审查、评级、备案工作。

（2）负责组织编制和实施治理方案，负责治理结果验收，确保绿色通道资金正确使用。

6.2.3.2 发展部主要职责

负责将本单位安全隐患绿色通道治理项目纳入综合计划调整建议；根据上级单位下达的综合计划，分解下达本单位安全隐患治理项目计划，监督检查本单位及所属县公司及单位计划执行情况。

6.2.3.3 财务部主要职责

负责将本单位安全隐患绿色通道治理项目纳入预算调整建议；负责做好安全隐患项目的各项财务管理工作，包括预算调整建议、资金安排、项目结算、决算等。

6.2.3.4 物资供应部门主要职责

及时与供应商联系，明确供应计划最快交货时间，保证将所需物资配送到位。

6.3 安全隐患绿色通道管理流程

6.3.1 启动（核心阶段）

6.3.1.1 发现隐患

地市或县公司级单位的专业管理部门，认为本专业安全隐患应纳入绿色通道治理的，县公司级单位应向地市公司级单位主管专业部门汇报，专业部门向地市公司级单位分管领导汇报，并向省电力公司主管部门报告和备案。

6.3.1.2 启动绿色通道

收到专业部门汇报后，地市公司级单位分管领导应在2个工作日内组织召开由安全隐患治理工作相关部门参加的协调会议，研讨安全隐患治理有关事项、可能引起的后果、治理期限、防控措施、治理措施（过程）并签署"安全隐患治理项目绿色通道启动建议书"。

6.3.1.3 决策

经地市公司级单位协调会研究确定安全隐患治理项目后，由相关专业管理部门向本单位安委会办公室汇报，由安委会办公室在2个工作日内召集相关安委会成员研究决策是否将该安全隐患治理纳入绿色通道。对纳入绿色通道治理的安全隐患，应签署"安全隐患治理绿色通道项目备案审批单"。由地市公司一把手签署，便于各部门协调开展工作，达到迅速治理的目的。由安全监督管理部门收执，并抄送发展部、财务部等相关部门。相关部门应向省电力公司主管部门报告和备案（第一次报备）。

6.3.2 治理

对于纳入绿色通道治理的安全隐患，各相关部门应加强横向协调，按照《国家电网公司综合计划管理办法》和《国家电网公司全面预算管理办法》的有关要求逐级开展报备工作，如涉及停电应优先安排。

安全隐患治理绿色通道启动后，按照"先近后远、先利库后采购"的原则统一调配物资，当储备物资无法满足需求时，可按照各单位有关规定开展紧急采购。

6.3.3 验收

纳入绿色通道治理的安全隐患，应按照《国家电网公司安全隐患排查治理管理办法》[国网（安监/3）481—2014]的规定验收。经治理达到预期效果并销号后，由相关专业管理部门负责人在"安全隐患治理绿色通道项目备案审批单"上签署治理完成情况。销号后，相关部门再次向上级专业部门及本单位安监部报备。

实行"一患一单"管理。各相关部门对纳入绿色通道治理的安全隐患实行逐级备案，按照启动阶段、销号阶段进行两次报备。

6.4 补充说明

地市公司级单位需要省电力公司协助治理安全隐患的，应向省电力公司提出申请。省电力公司相应专业部门应在2个工作日内组织召开由安全隐患治理工作相关部门参加的协调会议，研讨安全隐患治理有关事项，并签署"安全隐患治理项目绿色通道启动建议书"。

经省电力公司协调会研究确定该安全隐患治理纳入绿色通道后，由相关专业管理部门向本单位安委会办公室汇报，由安委会办公室在2个工作日内召集相关安委会成员研究决策是否将该安全隐患治理纳入绿色通道，并签署"安全隐患治理绿色通道项目备案审批单"，由安全监督管理部门收执，并抄送发展部、财务部等相关部门。

第7章 安全隐患排查治理过程考核管理

7.1 考核管理

各级安监部是本单位隐患排查治理过程考核归口管理部门，负责制定考核办法，牵头组织实施。各单位应根据上级单位要求制定本单位过程考核实施细则，细化考核标准、流程、分工，严格开展过程考核。各专业部门按照本单位制定的考核办法，配合安监部做好本专业隐患排查治理过程考核。

7.2 考核原则

安全隐患排查治理过程考核原则如图 7-1 所示。

奖罚结合
鼓励各单位、部门、班组、岗位积极自查自改隐患，早查早改隐患，总结、推广隐患排查治理经验，对做出突出贡献的，予以奖励；对隐患的产生以及排查治理工作不到位负有责任的，予以处罚。

分级考核
按照隐患的级别（Ⅰ级重大事故隐患、Ⅱ级重大事故隐患、一般事故隐患、安全事件隐患），根据在隐患排查治理过程中做出贡献大小或对隐患排查治理工作不到位负有责任的轻重，分级分类进行考核。

全面覆盖
实行上级单位对下级单位考核和同级安监部门监督，确保考核对象覆盖隐患产生以及排查治理工作全过程涉及的所有单位、部门、班组、岗位，包含设备、物资等供应商以及施工、调试、监理等服务商。

图 7-1 安全隐患排查治理过程考核原则

7.3 考核范围

7.3.1 奖励范围

对以下情况做出突出贡献的，予以奖励。

（1）及时排查治理Ⅰ、Ⅱ级重大事故隐患。

（2）及时排查治理家族性、全局性的设备隐患。

（3）及时排查治理制度、规程、标准缺失或存在错误、流程不畅等管理性隐患。

（4）及时排查治理常规方法（手段）不易发现的隐蔽性隐患。

（5）总结推广适用面广、实用性强的隐患排查治理经验。

7.3.2 处罚范围

对被上级单位或本单位安监部门组织的安全检查、抽查、督查发现的以下情况负有责任的，予以处罚。

（1）没有及时落实相关技术标准、反事故措施等要求而形成的隐患。

（2）施工、调试或大修技改、检修试验遗留的隐患。

（3）在日常巡视维护、运行方式分析、安全性评价、监理活动等中应发现而未发现的隐患。

（4）上级单位或专业部门要求排查的专项隐患、家族性隐患，本单位或专业部门存在但没有排查出的隐患。

（5）经多次专项排查后仍重复出现的同类隐患（不含外部不可控环境因素造成的隐患）。

（6）未将治理责任落实到单位、部门、班组、岗位的隐患。

（7）无故不安排项目（不落实资金）治理的隐患。

（8）没按计划完成治理的隐患。

（9）因管控原因导致隐患级别升级或引发安全事件的隐患。

（10）多次治理仍未根治的同一隐患（不含外部不可控环境因素造成的隐患）。

（11）未执行"两单一表"管控的重大隐患。

（12）没纳入安监一体化平台进行管控的隐患。

（13）安监一体化平台隐患库中记录的隐患排查治理闭环管控情况与实际情况严重不符的隐患。

7.4 考核标准

7.4.1 奖励标准

对在安全隐患排查治理过程管理中做出突出贡献的本部部门、单位奖励标准如下：

（1）在省公司系统周生产安全例会上进行通报表扬，在省公司月度安全质量月报、隐患排查简报中进行通报表扬。

（2）在同业对标"安全隐患排查治理工作评价指数"中对相关单位给予0.1～1分的加分奖励。

（3）在基层单位企业负责人年度业绩考核中给予0.1～0.5分的加分奖励。

（4）在本部部门绩效考核中给予0.2～1分的加分奖励。

（5）获得突出贡献奖励的单位、集体和个人，省公司和下属各单位应在进行评优（先）工作中予以优先考虑。

（6）对做出突出贡献人员的奖励应不低于1000元。

7.4.2 处罚标准

1. 省电力公司对基层单位考核标准

（1）对安全事件隐患的产生及排查治理不到位负有责任的，

在省公司系统进行通报批评；性质严重的，在对同业对标"安全隐患排查治理工作评价指数"中给予0.1～0.2分的扣分处罚，在基层单位企业负责人年度业绩考核中给予0.1～0.2分的扣分处罚。

（2）对一般事故隐患的产生及排查治理不到位负有责任的，在省公司系统进行通报批评，由省公司安全监督部门和相关专业部门对责任单位进行约谈，在对同业对标"安全隐患排查治理工作评价指数"中给予0.2～0.5分的扣分处罚，在基层单位企业负责人年度业绩考核中给予0.2～0.4分的扣分处罚。

（3）对Ⅰ级重大事故隐患、Ⅱ级重大事故隐患的产生及排查治理不到位负有责任的，在省公司系统进行通报批评，由省公司领导对责任单位进行约谈；在对同业对标"安全隐患排查治理工作评价指数"中给予0.5～2分的扣分处罚，在基层单位企业负责人年度业绩考核中给予0.4～1分的扣分处罚，并取消当年安全生产先进单位的评先资格。

（4）对责任性的一般事故隐患责任人的处罚不低于300元，取消责任人年度安全生产类评优（先）资格。

（5）对责任性的Ⅰ级重大事故隐患、Ⅱ级重大事故隐患责任人的处罚不低于1000元，取消责任人年度各类评优（先）资格。

2. 省电力公司对本部部门考核标准

（1）对安全事件隐患的产生及排查治理不到位负有责任的，在省公司系统进行通报批评。

（2）对一般事故隐患的产生及排查治理不到位负有责任的，在省公司系统进行通报批评，在本部部门绩效考核中给予0.2～0.5分的扣分处罚。

（3）对Ⅰ级重大事故隐患、Ⅱ级重大事故隐患的产生及排查治理不到位负有责任的，在省公司系统进行通报批评，由省公司领导对责任部门进行约谈；在基层单位企业负责人年度业绩考核中给予 0.6～2 分的扣分处罚。

（4）对责任性的一般事故隐患责任人的处罚不低于 300 元，取消责任人年度安全生产类评优（先）资格。

（5）对责任性的 I 级重大事故隐患、II 级重大事故隐患责任人的处罚不低于 1000 元，取消责任人年度各类评优（先）资格。

3. 省电力公司对其他单位的考核标准

对设备、物资等供应商以及施工、调试、监理等服务商考核，可采取约谈、罚款、通报、列入负面清单、限制采购等方式，在有关合同及安全协议中进行明确，并依照合同及安全协议进行处罚。

第 8 章　安全隐患排查治理报送报阅要求

8.1　材料报送要求

8.1.1　电监办月报表

（1）每月 23 日前，地市级单位安全监察部门将本单位当月"电监办月报表"报省电力公司安全监察部门。

（2）报表数据统计周期为每月 1 日至当月 20 日。

（3）报表中统计的隐患数据均为已发布的事故隐患（重大、一般事故隐患），安全事件隐患不在统计范围内。

（4）在生成报表时，要注意将当月新增安全隐患进行导入，填写相关报送信息后保存并上报。

8.1.2　月度报表

（1）每月 23 日前，地市级单位安全监察部门将本单位当月"月度报表"报省电力公司安全监察部门。

（2）报表数据统计周期为每月 1 日至当月 20 日。

（3）报表中统计的隐患数据包括已上报的事故隐患（重大、一般事故隐患）和安全事件隐患。

（4）在新增报表时，当月新增安全隐患数据会自动生成，填写相关报送信息后保存并上报。

8.1.3　专项排查

（1）各单位每年应对本单位所辖各个专业分别组织开展至少一次专项隐患排查，需覆盖的专业应以上级单位批复的专业覆盖要求为准。

（2）排查内容应结合当前安全重点工作与年初的专项排查开展计划进行，同时必须有计划、方案，并在排查工作结束时及时进行总结

（3）专项排查活动结束后一周内，安监部隐患管理人员应及时上传资料并上报。

8.1.4　定期评估

（1）地市级、县级单位（工区、分公司、县公司）每月应定期组织开展本单位安全隐患评估会议。

（2）可组织召开专门会议并形成会议纪要。会议纪要文件名称统一为"国网××供电公司××年××月份安全隐患评估会议纪要"。会议纪要参考模板见附录 F（各单位可根据实际情况对模板中的内容、格式等做出调整和修订，但模板中三项"必须具备的内容"应体现在上传的定期评估材料当中）。

（3）可结合月度安全生产分析会一并进行，并在其会议纪要中列入安全隐患排查相关主要工作内容（建议应包括：安全隐患排查工作总体情况、月度安全隐患排查及评估工作开展情况、下月安全隐患排查重点工作）。

（4）每月 30 日前，地市级、县级单位（工区、分公司、县

公司）务必按时上传会议纪要并上报。

（5）填写要求：评估单位应使用单位规范简称；评估时间应与纪要内时间一致；月份应为当月；相关文档中上传的电子文件名宜为当月（部分单位当月召开会议，评估上月的安全隐患，纪要名称也应为当月的会议纪要）。

第9章　安全隐患档案管理

9.1　隐患档案各录入环节人员职责

隐患档案各录入环节人员职责如图 9-1 所示。

隐患档案填报人
按照隐患档案录入要求及时填报发现的隐患档案，在隐患档案填报的发现日的当日将隐患档案传递到下一个环节，并对隐患档案中以下内容的正确性负责：隐患简题、隐患来源、隐患所在单位、专业分类、详细分类、隐患原因、发现人单位、事故隐患内容、可能导致后果、归属职能部门。

预评估负责人
自隐患档案填报的发现日期起，在3个工作日内(重大隐患为当天)，对隐患档案进行预评估，确定隐患等级，在隐患档案中填报隐患等级，确定治理责任人，填写防控措施，并将隐患档案传递到下一个环节。对填报人填报的隐患档案各项内容和评估的隐患等级是否正确负责。

预评估领导
自隐患档案填报的发现日期起，在5个工作日内(重大隐患为当天)对预评估后的隐患档案进行审核，并将隐患档案传递到下一个环节。对评估的隐患等级是否正确负责。

评估负责人
自隐患档案填报的发现日期起，在10个工作日(重大隐患为2个工作日)内对基层单位预评估后的隐患进行评估，在隐患档案中填报评估后的隐患等级结果，审查防控措施是否完备，并将隐患档案传递到下一个环节。对评估的隐患等级是否正确负责，对防控措施是否正确可行负责。

评估领导
自隐患档案填报的发现日期起，在15个工作日(重大隐患为2个工作日)内对评估后的隐患档案进行审核，并将隐患档案传递到下一个环节。对评估的隐患等级及防控措施是否正确负责。

治理责任人
在确定的治理期限内，对隐患完成治理，在隐患档案中填写治理完成情况，并提出验收申请。

验收组长
在确定的治理期限内，组织对治理完成的隐患进行验收，在隐患档案中填写验收意见及结论，确定隐患是否消除。对隐患治理结果负责。

省公司核定重大隐患部门负责人(重大隐患)
自隐患档案填报的发现日期起，在三个工作日内对评估后的隐患档案进行核定，并立即反馈地市公司。

图 9-1　隐患档案各录入环节人员职责

9.2 安全隐患档案各字段填写规范

9.2.1 隐患简题（评价字段）

1. 填写要求

（1）隐患简题中安全隐患所属单位、发现时间、隐患简况 3 项要素应完整无误。

（2）发现时间具体到月、日。

（3）隐患简况中对隐患主体的描述应明确具体，保障隐患主体的唯一性。

2. 规范格式

单位名称＋隐患发现日期，隐患简况。

3. 参考范例

国网××供电公司 6 月 4 日，35kV××线路 11～12 号杆之间线下树障隐患。

9.2.2 隐患内容（评价字段）

1. 填写要求

（1）隐患现状［隐患的具体位置＋现状说明（含涉及的管理、环境等外延）］、风险分析（单层级可能性＋可能后果）、定性依据三要素应正确完整。

（2）若该安全隐患违反相应规程、规定，应写明规程全称以及具体条款。

（3）定性依据中应写明《国家电网公司安全事故调查规程（2017 修正版）》对应的条款。

2. 规范格式

隐患现状＋违反条款＋风险分析＋定性依据。

3. 参考范例

国网邢台供电公司 220kV 沙康线 24～25 号塔在邢台县界内，跨越邯黄铁路，导地线未采取双挂点（隐患现状），不满足《架空输电线路"三跨"运维管理补充规定》第五章第十六条要求："应采取导线耐张线夹加装附引流线，地线应采用双挂点的导地线防断线措施"（违反条款）。若该跨越区段不采取防止导地线断线措施，可能发生断线掉线事故，威胁到邯黄铁路安全运行（风险分析），造成《国家电网公司安全事故调查规程（2017 修正版）》2.3.5.8 定义的"由于施工不当或跨越线路倒塔、断线等原因造成高铁停运或其他单位财产损失 50 万元以上者"的五级设备事件（定性依据）。

9.2.3 发现日期（评价字段）

发现日期为发现隐患的日期，与隐患简题中填写的发现日期应一致。

9.2.4 隐患来源

在系统中安全隐患来源分为：防误闭锁、电网隐患、跨越施工、条例专项、日常巡视、检修预试、电网专项、安全性评价、安全检查、专项监督、事故分析、电网方式分析。根据实际情况选择对应的选项。

9.2.5 隐患原因

根据隐患可能造成的后果类型选择隐患原因。选项说明见表 9-1。

表 9-1　　　　　"隐患原因"选项说明

可能造成的后果类型	隐患原因
可能造成 1～8 级人身事件的安全隐患	人身安全隐患
可能造成 1～8 级电网事件的安全隐患	电力安全事故隐患
可能造成 1～8 级设备事件、5～8 级信息系统事件的安全隐患	设备设施事故隐患
在安全管理流程、制度方面存在缺失，可能造成严重事故后果（包含人身、电网、设备、信息等各类型事件后果）的安全隐患	安全管理隐患
无法按以上原因归类的安全隐患	其他事故隐患

9.2.6　隐患所在单位

选择隐患地点所在单位，至少应精确到某地市级或县级单位。例如，若隐患发生在石家庄赵县供电公司，在选择隐患所在单位时应选择赵县供电公司而不是石家庄供电公司。

9.2.7　专业分类及详细分类（评价字段）

专业分类选项有：调度及二次系统、输电、变电、配电、发电、电网规划、电力建设、信息、环境保护、交通、消防、装备制造、煤矿、安全保卫、后勤和其他。针对每个专业，分别对应有详细分类选项。务必根据安全隐患主体所属的专业管理范围，选择合适、对应的专业分类和详细分类。

9.2.8　隐患发现人及发现人单位

"发现人"填写排查发现该安全隐患的人员姓名，可手工填写或从组织机构中选择。

"发现人单位"填写发现人所在的班组名称。如发现人为车间、部室管理人员可填写其所在车间、部室名称。

9.2.9　可能导致后果（评价字段）

1. 填写要求

按照事故隐患内容的描述，应合理推导其阐述的"可能导致后果"。

2. 规范格式

可能造成＋事件等级（×级）＋事件类别（人身/电网/设备/信息系统事件）。

3. 参考范例

可能造成八级电网事件。

9.2.10　归属职能部门

根据安全隐患的专业分类，选择对应的归口专业职能管理部门。

9.2.11　预评估等级与评估等级（评价字段）

根据安全隐患可能导致的后果，按照《国家电网公司安全隐患排查治理管理办法》[国网（安监/3）481—2014]中隐患等级划分原则，评估该隐患的等级，并在系统中选择相应的选项。在评估或预评估审核环节的审核意见中，应填写"同意"或"不同意"，不同意的要说明理由。

9.2.12　预评估、评估负责人及领导（评价字段）

"预评估负责人"一般为地市级单位专业职能部门、工区管理人员或县级单位部门、工区主管领导。

"预评估领导"一般为地市级专业职能部门、工区管理人员、主管领导或县级单位主管领导。

"评估负责人"一般为地市级（或县级）单位专业职能部门管理人员或主管领导。

"评估领导"一般为地市级（或县级）单位分管领导，可包括分管专业的副总工程师。

上述人员原则上不应重复。但对于预评估、评估过程实际上均在一个人员数量较少的职能部门时，预评估负责人与预评估领导不应重复；评估负责人与评估领导不应重复。

9.2.13　治理责任单位及治理责任人

由归属职能部室根据安全隐患情况，指定实际治理责任单位和责任人。"治理责任人"一般为地市级单位、县级单位（工区、分公司、县公司）或班组级单位主管负责人或专工。务必从系统组织机构中选择单位和人员，以便后续流程顺利流转。

9.2.14　是否计划项目

若隐患的治理工作需列入检修计划，应选择"是"，并在"计划编号"一栏填写对应的工作计划编号。若隐患的治理工作无须检修计划支撑，选择"否"。

9.2.15　治理方案（评价字段）

重大事故隐患以及长周期、难治理的一般事故隐患应制订相应的治理方案，治理方案应作为附件上传至隐患档案中。

治理方案应包含以下内容：

（1）安全隐患的现状及其产生原因。

（2）安全隐患的危害程度和整改难易程度分析。

（3）治理的目标和任务。

（4）采取的方法和措施。

（5）经费和物资的落实。

（6）负责治理的机构和人员。

（7）治理的时限和要求。

（8）防止安全隐患进一步发展的安全措施和应急预案。

9.2.16　防控措施（评价字段）

1. 填写要求

（1）"防控措施"字段中应填写在完成安全隐患治理之前，为防范事故发生而采取的临时措施。

（2）防控措施应填写为防范安全事件的发生而采取的临时措施，不得与治理完成情况重复。

（3）防控措施应起到防止隐患向更严重（指可能造成的后果更严重）的情况发展。

（4）防控措施由安全隐患责任归属职能部室填写，需要多单位进行配合防控的，需分别写明各单位应做的措施。

（5）采取的防控措施务必具体，可上传附件进行详细补充说明。

2. 规范格式

为防止该隐患可能导致的×级××事件发生，在隐患治理完成前，采取以下防控措施：

（1）××部门（单位）采取何种防控措施。

（2）××部门（单位）采取何种防控措施。

……

3. 参考范例

为防止发生该隐患可能造成的××事件（与可能导致的后果一致），在隐患治理前，采取了以下防控措施：

（1）变电运维室每周增加一次特殊巡视，重点对220kV李木站220kV 2号主变压器进行巡视检查，发现问题后应及时报告设备管理部。

（2）变电检修室每月定期进行数据测试，做出预测分析，动态跟踪隐患发展情况。

（3）调控中心做好2号主变压器故障跳闸停电的应急措施。

9.2.17　治理完成情况（评价字段）

1. 填写要求：

（1）由治理责任人或指定人员按照治理完成情况分阶段填写，直至全部治理完成。

（2）应包括治理关键时间节点、治理完成时间、治理单位、采取的具体措施、达到的效果等。

（3）可上传文档或照片等附件进行详细补充说明。

2. 参考示例

2014年3月25日，已申请采购100kVA配电变压器。2014年5月18日，100kVA配电变压器到货。2014年5月24日，将原50kVA配电变压器增容更换为100kVA配电变压器，可满足用户负荷需求，台区配变容量不足隐患治理完成，申请验收销号。

9.2.18 计划资金及累计落实隐患治理资金（评价字段）

由治理责任人根据资金计划和落实情况进行填写，注意资金单位为"万元"。

9.2.19 验收申请

验收申请单位一般为"治理责任单位"或"隐患所在单位"。负责人一般由各地市级单位、县级单位（工区、分公司、县公司）和班组级单位的主管负责人或专工担任。

9.2.20 验收组织单位

根据安全隐患的专业分类，一般为省级、地市级和县级单位分管该专业的专业职能部门。

9.2.21 验收意见

1. 填写要求

"验收意见"由验收组织部门填写，根据实际验收完成情况，应重点说明治理措施完成后的状态，经验收满足的规程标准要求条款，以及所做治理措施与隐患消除的关联性。对涉及新建、扩建、改建工程，则应履行专业验收相关手续。可上传文档或照片等附件进行详细补充说明。

2. 参考示例

经验收，输电运检室已协调当地业主，对 110kV 康李线22—23 号塔导线正上方的树障（100 棵杨树）进行了砍伐，满足 DL/T 741—2010《架空输电线路运行规程》中表 A.6 规定的"导线在最大弧垂时与树木之间的最小安全距离 4m"的要求。线下树障已清除，隐患治理完成。

9.2.22 验收结论

由验收组织部门根据实际验收完成情况填写，可在右侧选项中选择对应的规范用语。

根据安全隐患治理完成的实际情况，在"是否消除隐患"栏选择"是"或"否"。

9.2.23 验收组长

验收组长一般由专业职能部门主管负责人担任，验收组由相关专业职能部门专业人员组成。

9.2.24 各类日期字段（评价字段）

预评估日期、评估日期：一般隐患应在 2 周内完成预评估、评估，重大隐患应立即完成。

重大隐患的职能部门负责人签名日期：在"评估领导审核签名日期"之后 3 日内，详见本手册表 9-1"隐患档案各录入环节人员职责"。

验收申请单位负责人签字日期：一般事故隐患在"评估领导审核签字日期"之后，不早于"治理（整改）完成情况"中填写的日期；重大隐患在"职能部门负责人签名日期"之后。

治理期限：起始日期不早于发现日期，结束日期不早于最后一个评估日期。

验收组长签字日期：在验收申请单位负责人"签字日期"之后 10 日内，并应在隐患治理期限范围内，确保不发生隐患超期未治理的情况。

9.2.25 照片

1. 填写要求

对于某个实体上发生的隐患，治理前后宜有照片作为治理完成情况的依据。治理前后照片应从同一地点同一角度拍摄，照片中应有隐患区别于同类隐患的标识（如设备编号），确保隐患治理完成情况的真实性和有效性。对于一张照片难以反映该隐患的位置、特点的情况，应采用整体照片和局部照片相结合的方式。

2. 参考范例

范例一：国网××公司 10kV 573 鲁庄线 T1F2 分支 01 号杆上形成鸟巢的隐患，治理前后的照片应从同一地点同一角度拍摄，从而反映出隐患治理前后的状态差别，如图 9-2 所示。

图 9-2 同一地点同一角度拍摄的隐患治理前后照片

范例二：国网××公司某公务用车车胎变形、裂纹隐患，若一张照片难以反映全部隐患信息（如车牌号、车胎具体状况等），应上传多张照片反映隐患主体现状，如图 9-3 所示。

9.3 安全隐患档案评分细则

2018 年 3 月，国网安监部组织编制了《安全隐患档案评价工作规范（试行）》，其中制定了相关安全隐患档案评分细则。细则见表 9-2。

图 9-3 多张照片反映隐患主体现状

表 9-2　　　　　　　　　　　　　　　　　　　　　　　安全隐患档案评分细则

序号	评价项目	标准分	评价标准	评价方法
1	重点评价的字段		本规范第十六条列出各字段均应填写	(1) 重点评价字段每缺一个扣 5 分； (2) 资金数量级每错一个扣 5 分； (3) 签名情况每重复一次扣 5 分； (4) 此三项合计最多扣 10 分
2	资金数量级	10	"隐患治理资金""累计投入资金"均应以万元为计量单位	
3	签名情况		人员签名原则上不应重复。但对于预评估、评估过程实际上均在 1 个人员数量较少的职能部门时，预评估负责人与预评估领导审核签名不应重复；评估负责人与评估领导审核签名不应重复；验收申请单位负责人与验收组长签名不应重复	
4	隐患简题	10	隐患简题中安全隐患所属单位、发现时间、隐患简况等 3 项要素完整无误。 安全隐患所属单位：应为分部、省公司级、地（市）公司级、县公司。 发现时间：具体到月、日。 隐患简况：概要描述安全隐患内容，能够较精准辨识安全隐患的具体情况，能够与同类安全隐患进行区分	(1) 检查隐患简题中隐患所属单位、发现时间、隐患简况等三项要素描述不完整的，每缺一项要素扣 3 分。 (2) 存在能够具体辨识安全隐患，或区分同类安全隐患的必要因素，如电压等级、具体位置等，但未填写的，视缺少的必要因素个数扣 3～6 分。 (3) 安全隐患所属单位填报的单位级别错误的，扣 3 分
5	发现日期	5	发现日期与隐患简题中的发现日期应一致	不一致扣 5 分
6	事故隐患内容	20	应具备安全隐患现状、后果分析及定性依据（人身事故除外）等 3 项要素。 安全隐患现状：应用数字、术语等方式将有关信息描述清楚，使各级人员能够准确评估、核定。若该安全隐患违反相应规程、规定，应写明规程全称以及具体条款。 定性依据：原则上写明《国家电网公司安全事故调查规程（2017 修正版）》对应的条款	(1) 安全隐患现状、后果分析及定性依据（人身事故除外）等 3 项要素，每缺少一项要素扣 8 分。 (2) 安全隐患现状、后果分析及定性依据（人身事故除外）等 3 项要素描述不完整或错误的，扣 3 分/错误
7	可能导致后果	10	(1) 原则上应写明可能导致的安全事件级别和分类（人身事故除外），与《国家电网公司安全事故调查规程（2017 修正版）》中的分类相对应。 (2) 按照事故隐患内容的描述，应合理推导其阐述的"可能导致后果"	(1) 按照隐患内容的描述，不能推导出其阐述的"可能导致后果"扣 10 分。 (2) 可能导致后果中应写明安全事件级别和分类（人身事故除外），缺一项扣 3 分
8	专业分类 （详细分类）	5	按照事故隐患内容，结合整体隐患档案填报情况，检查专业分类、详细分类	(1) 对照事故隐患内容检查专业分类，专业分类错误的扣 5 分。 (2) 专业分类正确、详细分类错误的扣 2 分
9	防控措施	15	防控措施应完备，能够防止安全隐患演化为重大隐患，或者造成（衍生）事实后果	(1) 未填写防控措施的，扣 15 分。 (2) 防控措施若与治理完成情况填写一样的，扣 5 分。 (3) 防控措施明显不能起到防控效果的，视情况扣 5～10 分。 (4) 防控措施能够防止隐患进一步发展但有缺失的，视情况扣 3～10 分

序号	评价项目	标准分	评价标准	评价方法
10 (重大隐患)	治理方案	15	治理方案中应包括安全隐患的现状及其产生原因；安全隐患的危害程度和整改难易程度分析；治理的目标和任务；采取的方法和措施；经费和物资的落实；负责治理的机构和人员；治理的时限和要求；防止安全隐患进一步发展的安全措施和应急预案	缺少1～2项扣5分；3～4项扣10分；5项以上扣15分
11	治理（整改）完成情况	10	治理（整改）完成情况中应简要写明安全隐患治理的措施及完成情况，治理措施应能彻底消除安全隐患	（1）治理（整改）完成情况中未简要写明隐患治理的措施的扣5分。（2）治理措施不能够彻底消除安全隐患的，扣5分
12	预评估日期、评估日期、负责人签字日期、验收日期	15	（1）预评估日期、评估日期：一般隐患应在2周内完成预评估、评估，重大隐患应立即完成。（2）重大隐患的职能部门负责人签名日期：在"评估领导审核签名日期"之后3天内。（3）验收申请单位负责人"签字日期"：一般事故隐患在"评估领导审核签名日期"之后，不早于"治理（整改）完成情况"中填写的日期（如有）；重大隐患在"职能部门负责人签名日期"之后。（4）治理日期：起始不早于发现日期，终结不早于最后一个评估日期。（5）验收组长"验收日期"：在验收申请单位负责人"签字日期"之后10天内	错1～2个扣5分；3～4个扣10分；5个以上扣15分
13	"事故隐患内容"一致性	0	综合隐患档案各项内容，甄选该隐患的正确标准，若难以辨别，则以隐患简题中的隐患主体为绝对正确的原则，检查"事故隐患内容"描述是否与之相一致	
14	"防控措施"一致性	0	综合隐患档案各项内容，甄选该隐患的正确标准，若难以辨别，则以隐患简题中的隐患主体为绝对正确的原则，检查"防控措施"中的隐患内容描述是否与之相一致	每一评价项目不一致扣5分，最多扣15分
15	"治理（整改）完成情况"一致性	0	综合隐患档案各项内容，甄选该隐患的正确标准，若难以辨别，则以隐患简题中的隐患主体为绝对正确的原则，检查"治理（整改）完成情况"中的隐患内容描述是否与之相一致	

第10章 安全隐患档案范例

本章从国家电网有限公司安监一体化平台系统选取了部分典型安全隐患档案作为范例供读者参考，根据电网企业涉及的13个专业分类划分为13节，每节根据档案所涉及的隐患详细分类进行划分，方便读者查阅。

10.1 输电

10.1.1 交叉跨越

一般隐患排查治理档案表

国网××公司

发现	隐患简题	国网××公司 5 月 17 日，220kV×××线 61～62 号杆塔间导线跨越 10kV 线路安全距离不足隐患			隐患来源	日常巡视	隐患原因	电力安全隐患
	隐患编号	国网××公司 2018××××	隐患所在单位	输电运检工区	专业分类	输电	详细分类	交叉跨越隐患
	发现人	×××	发现人单位	运检三班	发现日期			2018-5-17
	事故隐患内容	国网××公司 220kV×××线 23～24 号塔在×××县界内，跨越"×××高铁"，导地线未采取双挂点，不满足《架空输电线路"三跨"运维管理补充规定》（国家电网运检〔2016〕777 号）第五章第十六条"应采取导线耐张线夹加装附引流线，地线应采用双挂点的导地线防断线措施"的要求。可能发生断线掉线事故，威胁到高铁运行安全，可能造成《国家电网公司安全事故调查规程（2017 修正版）》2.3.5.8 定义的"由于施工不当或跨越线路倒塔、断线等原因造成高铁停运"的五级设备事件						
	可能导致后果	可能造成 220kV 线路停运的七级电网事件			归属职能部门		运维检修	
预评估	预评估等级	一般隐患	预评估负责人签名	×××	预评估负责人签名日期		2018-5-17	
			工区领导审核签名	×××	工区领导审核签名日期		2018-5-17	
评估	评估等级	一般隐患	评估负责人签名	×××	评估负责人签名日期		2018-5-18	
			评估领导审核签名	×××	评估领导审核签名日期		2018-5-18	
治理	治理责任单位	输电运检工区		治理责任人		×××		
	治理期限	自	2018-5-18	至		2018-6-30		
	是否计划项目		是否完成计划外备案		否	计划编号		
	防控措施	（1）联系属地化人员对现场进行勘查，并对用户私架电线进行护电宣传和清理。 （2）安排运维三班人员现场再次认定，确认后报当地电力管理部门，进行处理。 （3）加强该区段的特巡，并做好沿线群众护电宣传工作						
	治理完成情况	220kV×××线 23～24 号塔在×××县界内，跨越"×××高铁"，耐张段金具已全部更换并安装护线条，安装后提升了重要跨越线路段安全防护水平。满足《架空输电线路"三跨"运维管理补充规定》（国家电网运检〔2016〕777 号）第五章第十六条规定的"应采取导线耐张线夹加装附引流线，地线应采用双挂点的导地线防断线措施"要求。隐患已处理						
	隐患治理计划资金（万元）		0.00		累计落实隐患治理资金（万元）		0.00	
验收	验收申请单位	输电运检工区	负责人	×××	签字日期		2018-6-1	
	验收组织单位	设备管理部						
	验收意见	经验收，输电运检室已对 220kV×××线 23～24 号塔的耐张段金具已全部更换并安装护线条，满足《架空输电线路"三跨"运维管理补充规定》（国家电网运检〔2016〕777 号）第五章第十六条"应采取导线耐张线夹加装附引流线，地线应采用双挂点的导地线防断线措施"的要求，隐患治理完成，验收合格						
	结论	验收合格，治理措施已按要求实施，同意注销			是否消除		是	
	验收组长		×××		验收日期		2018-6-3	

10.1.2 违章施工

一般隐患排查治理档案表（1）

2018 年度 国网××公司

发现	隐患简题	国网××公司4月10日，220kV×××线9～10号杆塔档间施工安全隐患		隐患来源	日常巡视	隐患原因	电力安全隐患
	隐患编号	国网××公司/国网××公司2018×××	隐患所在单位	输电运检工区	专业分类	输电	详细分类	违章施工
	发现人	×××	发现人单位	运检一班	发现日期	2018-4-10		
	事故隐患内容	国网××公司220kV×××线9～10号杆塔间新建乡村公路，同时架设过路桥梁，存在大型流动机械施工通过情况，该段运行导线对地距离（垂直）10.1m，温度16℃，大型流动机械高4.3m，通过运行线路时垂直距离5.8m，不满足DL/T 741—2010《架空输电线路运行规程》表A.3"导线在最大弧垂时与建筑物之间的最小安全距离6m"的要求。施工单位临时设置了简易限高措施，为木质材料且质量轻薄不牢靠，大风等恶劣天气下存在大型机械通过时碰倒限高装置，施工极易导致线路外破，可能造成《国家电网公司安全事故调查规程（2017修正版）》2.3.7.2定义的"35kV以上输变电设备被迫停运，时间超过24小时"的七级设备事件						
	可能导致后果	可能造成220kV线路停运的七级设备事件			归属职能部门		运维检修	
预评估	预评估等级	一般隐患	预评估负责人签名	×××	预评估负责人签名日期	2018-4-11		
			工区领导审核签名	×××	工区领导审核签名日期	2018-4-11		
评估	评估等级	一般隐患	评估负责人签名	×××	评估负责人签名日期	2018-4-11		
			评估领导审核签名	×××	评估领导审核签名日期	2018-4-11		
治理	治理责任单位	输电运检工区		治理责任人	×××			
	治理期限	自	2018-4-10	至	2018-5-9			
	是否计划项目		是否完成计划外备案	是	计划编号			
	防控措施	（1）运检一班加强对该路段特巡，由运维人员×××、×××负责。 （2）与属地公司（新区）人员现场进行护电安全教育，下达隐患通知书。 （3）责令其拆除木质限高装置，改为铁质（钢管）限高装置，并在线路保护区两侧安装（限高4m），限制大型车辆通过						
	治理完成情况	4月22～23日，输电室×××、×××联合属地化公司人员拆除木质限高装置，改为铁质（钢管）限高装置，并在线路保护区两侧安装（限高4m），限制大型车辆通过，通过的车辆与上方导线距离符合DL/T 741—2010《架空输电线路运行规程》规定，满足安全运行要求，隐患治理已完成						
	隐患治理计划资金（万元）	0.00		累计落实隐患治理资金（万元）		0.00		
验收	验收申请单位	输电运检工区	负责人	×××	签字日期	2018-4-25		
	验收组织单位	设备管理部						
	验收意见	经验收，输电运检室已协调属地化人员，对施工现场安全防护装置进行了改装，治理完成情况属实，符合DL/T 741—2010《架空输电线路运行规程》表A.3"导线在最大弧垂时与建筑物之间的最小安全距离6m"的要求，满足安全运行要求，隐患已消除						
	结论	验收合格，治理措施已按要求实施，同意注销			是否消除		是	
	验收组长	×××			验收日期	2018-4-27		

一般隐患排查治理档案表（2）

发现	隐患简题	国网××公司 5 月 23 日，110kV×××线 53 号杆塔基础周围违章施工安全隐患		隐患来源	日常巡视	隐患原因	电力安全隐患
	隐患编号	国网××公司/国网××公司2018××××	隐患所在单位	输电运检室	专业分类	输电	详细分类
							违章施工
	发现人	×××	发现人单位	线路运检二班	发现日期	2018-5-23	
	事故隐患内容	110kV×××线 53 号杆塔附近保护区有违章施工，距离杆塔基础 4m 左右，市政进行排污管道开挖施工，不满足《电力设施保护条例》第三章第十四条规定的"任何单位或个人，不得从事下列危害电力线路设施的行为：（八）在杆塔、拉线基础的规定范围内取土、打桩、钻探、开挖或倾倒酸、碱、盐及其他有害化学物品"的规定，在杆塔基础附近开挖施工，会严重影响杆塔的稳定性，造成杆塔基础不均匀沉降，杆塔易出现倾斜，大风降雨等恶劣天气下可能会引发倒塔事故，可能造成《国家电网公司安全事故调查规程（2017 修正版）》2.3.7.2 定义的"35kV 以上 220kV 以下输电线路倒塔"的七级设备事件					
	可能导致后果	可能造成 110kV 输电线路倒塔的七级设备事件			归属职能部门	保卫	
预评估	预评估等级	一般隐患	预评估负责人签名	×××	预评估负责人签名日期	2018-5-25	
			工区领导审核签名	×××	工区领导审核签名日期	2018-5-26	
评估	评估等级	一般隐患	评估负责人签名	×××	评估负责人签名日期	2018-5-26	
			评估领导审核签名	×××	评估领导审核签名日期	2018-5-26	
治理	治理责任单位	线路运检二班		治理责任人	×××		
	治理期限	自	2018-5-26	至	2018-10-31		
	是否计划项目		是否完成计划外备案		计划编号		
	防控措施	（1）立即向施工单位下发隐患告知书，督促施工单位尽快整改，对施工人员进行安全教育，提醒其远离杆塔保护区作业，并在适当位置设置临时警示标识。 （2）在开挖施工作业时，安排工作人员进行盯守，发现危险行为立即制止。 （3）将该情况向有关政府部门报告，请政府部门督促施工单位合理施工。 （4）输电运检室做好应急车辆、人员及物资等准备工作，一旦发生倒塔事故，立即组织抢修工作					
	治理完成情况	经过多次协调，2018 年 6 月 26 日，施工队伍调整了施工方案，避开了杆塔保护区，并对之前杆塔周围开挖的地面进行了回填处理，处理后施工情况符合《电力设施保护条例》第三章第十四条"任何单位或个人，不得从事下列危害电力线路设施的行为：（八）在杆塔、拉线基础的规定范围内取土、打桩、钻探、开挖或倾倒酸、碱、盐及其他有害化学物品"的规定，满足安全生产运行要求，杆塔基础周围违章施工安全隐患治理已完成					
	隐患治理计划资金（万元）	0.00		累计落实隐患治理资金（万元）	0.00		
验收	验收申请单位	输电运检室	负责人	×××	签字日期	2018-6-26	
	验收组织单位	设备管理部					
	验收意见	经验收，施工队伍调整了施工方案，避开了杆塔保护区，并对之前杆塔周围开挖的地面进行了回填处理，治理完成情况属实，治理后符合《电力设施保护条例》相关条款规定，满足《电力设施保护条例》第三章第十四条"任何单位或个人，不得从事下列危害电力线路设施的行为：（八）在杆塔、拉线基础的规定范围内取土、打桩、钻探、开挖或倾倒酸、碱、盐及其他有害化学物品"的规定，杆塔基础周围违章施工安全隐患已消除					
	结论	验收合格，治理措施已按要求实施，同意注销		是否消除	是		
	验收组长	×××		验收日期	2018-6-27		

一般隐患排查治理档案表（3）

2018 年度 　　　　　　　　　　　　　　　　　　　　　　　　　　　　　　　国网××公司

发现	隐患简题	国网××公司5月25日，110kV×××线035～036号杆塔线下违章施工安全隐患			隐患来源	日常巡视	隐患原因	电力安全隐患
	隐患编号	国网××公司2018××××	隐患所在单位	输电运检室	专业分类	输电	详细分类	违章施工
	发现人	×××	发现人单位	线路运检一班	发现日期		2018-5-25	
	事故隐患内容	110kV×××线035～036号杆塔线下保护区有北绕城公路施工现场，经常有吊车等大型车辆及施工机械往来作业，施工作业单位未经电力管理部门批准，未采取可靠安全措施，不满足《电力设施保护条例》第三章第十七条"任何单位或个人必须经县级以上地方电力管理部门批准，并采取安全措施后，方可进行下列作业或活动：（二）起重机械的任何部位进入架空电力线路保护区进行施工"的规定，线下的吊车等起重机械在过往或施工时，有可能与上方线路距离过近，或直接碰断线路，引发线路跳闸停运事故，同时由于逐渐进入夏季用电高峰期，该线路负荷难以完全转移到其他线路，可能造成《国家电网公司安全事故调查规程（2017修正版）》2.2.7.1定义的"35kV以上输变电设备异常运行或被迫停止运行，并造成减供负荷者"的七级电网事件						
	可能导致后果	可能造成110kV输电设备停运减供负荷的七级电网事件			归属职能部门		运维检修	
预评估	预评估等级	一般隐患	预评估负责人签名	×××		预评估负责人签名日期		2018-5-26
			工区领导审核签名	×××		工区领导审核签名日期		2018-5-26
评估	评估等级	一般隐患	评估负责人签名	×××		评估负责人签名日期		2018-5-26
			评估领导审核签名	×××		评估领导审核签名日期		2018-5-26
治理	治理责任单位	线路运检一班		治理责任人		×××		
	治理期限	自	2018-5-26	至		2018-10-31		
	是否计划项目		是否完成计划外备案			计划编号		
	防控措施	（1）立即向施工单位下发隐患告知书，督促施工单位尽快整改，对施工人员进行安全教育，提醒其施工作业时注意与上方保持安全距离，并在线下适当位置设置临时警示标识。 （2）在线路下方施工作业时，安排工作人员进行盯守，发现危险行为立即制止，确保不发生施工车辆碰线事故。 （3）将该情况向有关政府部门报告，请政府部门督促施工单位尽快履行相应手续。 （4）输电运检室做好应急车辆、人员及物资等准备工作，一旦发生线路跳闸事故，立即组织抢修工作						
	治理完成情况	经与施工方多次协调，施工方于6月24日在位于线下保护区内施工现场两侧路口设置限高装置，禁止吊车和大型施工机械在线下保护区往来作业，符合《电力设施保护条例》第三章第十七条"任何单位或个人必须经县级以上地方电力管理部门批准，并采取安全措施后，方可进行下列作业或活动：（二）起重机械的任何部位进入架空电力线路保护区进行施工"的规定，满足安全运行要求，隐患治理已完成						
	隐患治理计划资金（万元）		0.00		累计落实隐患治理资金（万元）		0.00	
验收	验收申请单位	输电运检室	负责人	×××		签字日期		2018-6-26
	验收组织单位	设备管理部						
	验收意见	经验收，施工方在位于线下保护区内施工现场两侧路口设置限高装置，禁止吊车和大型施工机械在线下保护区往来作业，治理完成情况属实，符合《电力设施保护条例》相关条款规定，满足安全运行要求，隐患已消除						
	结论	验收合格，治理措施已按要求实施，同意注销			是否消除		是	
	验收组长	×××			验收日期		2018-6-26	

26

发现	隐患简题	国网××公司 3 月 10 日，35kV×××线 5～7 号杆线路上方违章施工的线路跳闸隐患			隐患来源	日常巡视	隐患原因	电力安全事故隐患
	隐患编号	国网××公司/国网××公司2018×××	隐患所在单位	国网××公司	专业分类	输电	详细分类	违章施工
	发现人	×××	发现人单位	设备管理部	发现日期		2018-3-10	
	事故隐患内容	35kV×××线 5～7 号杆线路上方有塔吊在施工，工期较长，作业时吊臂和线路上方垂直距离不足 8m，不满足 DL/T 741—2010《架空输电线路运行规程》表 10 规定的"架空输电线路保护区内不得有建筑物、厂矿、树木等生产活动，且保护区范围为边线外 10m"的要求，塔吊摆臂范围可能碰触导线引起线路跳闸事故，该线路为重要厂矿企业供电，可能造成《国家电网公司安全事故调查规程（2017 修正版）》2.3.7.1 定义的"造成 10 万元以上 20 万元以下直接经济损失者"的七级设备事件						
	可能导致后果	可能造成 35kV 线路跳闸产生直接经济损失的七级设备事件			归属职能部门		运维检修	
预评估	预评估等级	一般隐患		预评估负责人签名	×××	预评估负责人签名日期	2018-3-11	
				工区领导审核签名	×××	工区领导审核签名日期	2018-3-11	
评估	评估等级	一般隐患		评估负责人签名	×××	评估负责人签名日期	2018-3-14	
				评估领导审核签名	×××	评估领导审核签名日期	2018-3-17	
治理	治理责任单位	设备管理部		治理责任人	×××			
	治理期限	自	2018-3-17	至		2018-4-30		
	是否计划项目	是否完成计划外备案				计划编号		
	防控措施	（1）设备管理部加强该条线路的巡视力度，缩短巡视周期，增加特巡。 （2）及时与施工单位联系，采取安装限位器等安全措施。 （3）对施工作业单位下达安全隐患告知书和安全隐患整改通知书，并报政府相关部门，促请政府采取措施。对该施工点进行护电特巡，并安排专人进行盯守						
	治理完成情况	4 月 24 日，输电运检人员×××等人，对 35kV×××线 5～7 号杆上方塔吊复查整改情况，使塔吊离开线路安全通道以内，目前已整改到位，满足 DL/T 741—2010《架空输电线路运行规程》表 10 规定的"架空输电线路保护区内不得有建筑物、厂矿、树木等生产活动，且保护区范围为边线外 10m"的要求，隐患治理已完成						
	隐患治理计划资金（万元）		0.00		累计落实隐患治理资金（万元）		0.00	
验收	验收申请单位	国网××公司	负责人	×××	签字日期		2018-4-26	
	验收组织单位	国网××公司						
	验收意见	经验收，国网××公司已对 35kV×××线 5～7 号杆线路上方的违章施工进行制止处理，并对对保护范围内的特种作业机具进行了清理，治理完成情况属实，符合 DL/T 741—2010《架空输电线路运行规程》表 10 规定的"架空输电线路保护区内不得有建筑物、厂矿、树木等生产活动，且保护区范围为边线外 10m"，满足安全运行需要，隐患已消除						
	结论	验收合格，治理措施已按要求实施，同意注销			是否消除		是	
	验收组长	×××			验收日期		2018-4-26	

发现	隐患简题	国网××公司 5 月 13 日，110kV×××线 6～7 号杆塔间存在流动作业安全隐患			隐患来源	安全检查	隐患原因	电力安全隐患
	隐患编号	国网××公司/国网××公司 2018××××	隐患所在单位	输电运检工区	专业分类	输电	详细分类	违章施工
	发现人	×××	发现人单位	运检五班	发现日期			2018-5-13
	事故隐患内容	国网××公司 110kV×××线 6～7 号杆塔线路保护区内存在流动机械车辆通过，并且流动车辆为自制土吊车，司乘人员没有驾照。该线路段档中对地距离 8.9m，温度 27℃，部分自制吊车高 5m，自改的流动车辆经常在架空输电线路保护区活动，未经电力相关部门审核批准，不满足《电力设施保护条例》第三章十七条规定"任何单位和个人必须经县级以上地方电力管理部门批准，并采取安全措施后，方可进行作业"的要求。在线路保护区内违章作业，极易导致线路跳闸或者断线，该线路为市区（城郊）重要供电线路，可能造成《国家电网公司安全事故调查规程（2017 修正版）》2.3.8.1 定义的"造成 5 万元以上 10 万元以下直接经济损失者"的八级设备事件						
	可能导致后果	可能造成 110kV 线路跳闸产生直接经济损失的八级设备事件			归属职能部门		运维检修	
预评估	预评估等级	安全事件隐患	预评估负责人签名	×××	预评估负责人签名日期			2018-5-13
			工区领导审核签名	×××	工区领导审核签名日期			2018-5-13
评估	评估等级	安全事件隐患	评估负责人签名	×××	评估负责人签名日期			2018-5-13
			评估领导审核签名	×××	评估领导审核签名日期			2018-5-13
治理	治理责任单位	输电运检工区		治理责任人	×××			
	治理期限	自	2018-5-17	至	2018-6-4			
	是否计划项目		是否完成计划外备案		计划编号			
	防控措施	（1）检修二班安排人员每日特巡。 （2）报请安全质量监察部（保卫部）备案。 （3）联系当地安监局对影响电力安全运行的自制黑车进行查处。 （4）对附近自制吊车司乘人员进行电力安全知识培训。 （5）联系属地化人员对该处路段（农田）进行封路						
	治理完成情况	5 月 18 日，运检五班联系属地化人员对 110kV×××线 6～7 号杆塔间的流动车辆人员进行护电宣传，并报当地安监局，对影响电力设施安全的路段进行了封路，封路后符合《电力设施保护条例》第三章十七条"任何单位和个人必须经县级以上地方电力管理部门批准，并采取安全措施后，方可进行作业"的规定，满足安全运行要求，隐患治理已完成						
	隐患治理计划资金（万元）		0.00	累计落实隐患治理资金（万元）		0.00		
验收	验收申请单位	输电运检工区	负责人	×××	签字日期			2018-5-18
	验收组织单位	设备管理部						
	验收意见	经验收，运检五班已协调属地化人员，对 110kV×××线 6～7 号杆塔间的流动车辆进行进行了封路，制止通行，治理完成情况属实，符合《电力设施保护条例》相关条款规定，满足线路安全运行的要求，隐患已消除						
	结论	验收合格，治理措施已按要求实施，同意注销			是否消除		是	
	验收组长	×××			验收日期		2018-5-18	

10.1.3 违章建筑

一般隐患排查治理档案表（1）

国网××公司

发现	隐患简题	国网××公司 3 月 7 日，35kV×××线 001～002 号杆线下违章建筑安全隐患			隐患来源	电网专项	隐患原因	电力安全事故隐患
	隐患编号	国网××公司/国网××公司 2018××××	隐患所在单位	国网××公司	专业分类	输电	详细分类	违章建筑
	发现人	×××	发现人单位	检修工区	发现日期		2018-3-7	
	事故隐患内容	国网××公司 35kV×××线 001～002 号杆之间导线下方有违章建筑，导线与房顶垂直距离不足 2.9m，不满足 DL/T 741—2010《架空输电线路运行规程》表 A.3 "导线与建筑物之间最小垂直距离（在最大计算弧垂情况下）35kV 为 4m"的规定。人员在房顶活动时，易碰触带电导线引发触电事故，可能造成《国家电网公司安全事故调查事故调查规程（2017 修正版）》2.1.2.8 定义的"无人员死亡和重伤，但造成 1～2 人轻伤者"的八级人身事件						
	可能导致后果	可能造成伤及人身的八级人身事件			归属职能部门		运维检修	
预评估	预评估等级	一般隐患	预评估负责人签名	×××	预评估负责人签名日期		2018-3-7	
			工区领导审核签名	×××	工区领导审核签名日期		2018-3-7	
评估	评估等级	一般隐患	评估负责人签名	×××	评估负责人签名日期		2018-3-8	
			评估领导审核签名	×××	评估领导审核签名日期		2018-3-8	
治理	治理责任单位	检修工区			治理责任人		×××	
	治理期限	自	2018-3-7		至		2019-3-30	
	是否计划项目	否	是否完成计划外备案		是		计划编号	
	防控措施	（1）属地化供电所立即对房主下发安全告知书并将安全隐患情况上报公司。 （2）设备管理部联系并协调当地政府安监部门督促房主对违章建筑进行整改。 （3）设备管理部检修工区加强巡视并在其附近悬挂"高压危险，禁止靠近"标示牌						
	治理完成情况	经多方面工作，3 月 12 日对违章建筑进行了拆除，现在导线对房屋的垂直距离为 5.5m。符合 DL/T 741—2010《架空输电线路运行规程》表 A.3"导线与建筑物之间最小垂直距离（在最大弧垂情况下）35kV 为 4m"的规定，满足安全运行要求，线下违章建筑安全隐患治理已完成，申请验收销号						
	隐患治理计划资金（万元）	0.00			累计落实隐患治理资金（万元）		0.00	
验收	验收申请单位	国网××公司	负责人	×××	签字日期		2018-3-12	
	验收组织单位	国网××公司						
	验收意见	经设备管理部组织对国网×××公司 2018××××验收，违章建筑已拆除，治理完成情况属实，满足 DL/T 741—2010《架空输电线路运行规程》表 A.3 的"导线与建筑物之间最小垂直距离（在最大计算弧垂情况下）35kV 为 4m"的规定，满足安全生产运行要求，隐患已消除						
	结论	验收合格，治理措施已按要求实施，同意注销			是否消除		是	
	验收组长	×××			验收日期		2018-3-13	

一般隐患排查治理档案表（2）

发现	隐患简题	国网××公司 1 月 16 日，220kV×××线 45～46 号保护区建筑施工的线路跳闸隐患			隐患来源	日常巡视	隐患原因	电力安全事故隐患
	隐患编号	国网××公司/国网××公司2018××××	隐患所在单位	输电运检工区	专业分类	输电	详细分类	违章建筑
	发现人	×××	发现人单位	运检一班	发现日期		2018-1-16	
	事故隐患内容	国网××公司 220kV×××双回线 45～46 号塔保护区新建厂房（钢架结构彩钢瓦），新建厂房属于×××矿区和×××村，在高压线路保护区内违章建防尘大棚，建成后厂房顶部与上方运行导线距离导线不足 5m，不满足 DL/T 741—2010《架空输电线路运行规程》表 A.6"导线在最大弧垂时与建筑物之间的最小安全距离 5m"的规定。大型机械施工极易导致线路外破，且违章建筑上经常有作业活动，可能造成《国家电网公司安全事故调查规程（2017 修正版）》2.3.7.2 定义的"35kV 以上输变电设备被迫停运，时间超过 24 小时"的七级设备事件						
	可能导致后果	可能造成 220kV 线路停运的七级设备事件			归属职能部门		运维检修	
预评估	预评估等级	一般隐患	预评估负责人签名	×××	预评估负责人签名日期		2018-1-17	
			工区领导审核签名	×××	工区领导审核签名日期		2018-1-17	
评估	评估等级	一般隐患	评估负责人签名	×××	评估负责人签名日期		2018-1-18	
			评估领导审核签名	×××	评估领导审核签名日期		2018-1-18	
治理	治理责任单位	输电运检工区		治理责任人	×××			
	治理期限	自	2018-1-18	至	2018-2-28			
	是否计划项目		是否完成计划外备案				计划编号	
	防控措施	（1）运检一班加强该条线路的巡视力度，缩短巡视周期，增加特巡。 （2）及时与施工单位联系，采取安装限位器等安全措施。 （3）下达隐患告知书和隐患整改通知书，并报政府相关部门，促请政府采取措施。对该施工点进行护电特巡，并安排专人进行盯守						
	治理完成情况	经过多方协调，2 月 12 日施工方全部拆除输电线路保护区内的违建，并与输电运检室重新签订了《保护电力设施隐患通知书》，治理后符合 DL/T 741—2010《架空输电线路运行规程》表 A.6"导线在最大弧垂时与建筑物之间的最小安全距离 5m"的规定，满足安全运行要求，隐患治理已完成						
	隐患治理计划资金（万元）		0.00		累计落实隐患治理资金（万元）		0.00	
验收	验收申请单位	输电运检工区	负责人	×××	签字日期		2018-2-12	
	验收组织单位	设备管理部						
	验收意见	经验收，输电运检室已协调施工单位，对 220kV×××双回线 45～46 号保护区内的违章建筑进行了拆除处理，治理完成情况属实，负荷 DL/T 741—2010《架空输电线路运行规程》表 A.6"导线在最大弧垂时与建筑物之间的最小安全距离 5m"的规定，满足安全运行要求，隐患已消除						
	结论	验收合格，治理措施已按要求实施，同意注销			是否消除		是	
	验收组长	×××			验收日期		2018-2-12	

10.1.4　线树矛盾

一般隐患排查治理档案表（1）

2018 年度 国网××公司

<table>
<tr><td rowspan="6">发现</td><td>隐患简题</td><td colspan="3">国网××公司 6 月 4 日，35kV×××线路 11～12 号杆之间线下树障安全隐患</td><td>隐患来源</td><td>日常巡视</td><td>隐患原因</td><td>电力安全隐患</td></tr>
<tr><td>隐患编号</td><td>国网××公司/
国网××公司
2018×××</td><td>隐患所在单位</td><td>国网××公司</td><td>专业分类</td><td>输电</td><td>详细分类</td><td>线树矛盾</td></tr>
<tr><td>发现人</td><td>×××</td><td>发现人单位</td><td>设备管理部</td><td>发现日期</td><td colspan="3">2018-6-4</td></tr>
<tr><td>事故隐患内容</td><td colspan="7">35kV×××线路 11～12 号杆之间为钢芯铝绞裸导线，导线正下方有当地农户种植的一片速生林（白杨树），跨越树木 14 棵，树高约 6m，树尖与导线垂直距离约 2m，不满足 DL/T 741—2010《架空输电线路运行规程》附表 A6 中"110kV～35kV 导线在最大弧垂、最大风偏时与树木之间的安全距离最小为 4m"的规定。目前正值树木快速生长期，若继续生长，易发生线路对地放电使 35kV 线路跳闸停运，同时由于逐渐进入夏季用电高峰期，该线路负荷难以完全转移到其他线路，可能造成《国家电网公司安全事故调查规程（2017 修正版）》2.2.7.1 条定义的"35kV 以上输变电设备异常运行或被迫停止运行，并造成减供负荷者"的七级电网事件</td></tr>
<tr><td>可能导致后果</td><td colspan="4">可能造成 35kV 线路跳闸减供负荷的七级电网事件</td><td>归属职能部门</td><td colspan="2">运维检修</td></tr>
<tr><td rowspan="2">预评估</td><td rowspan="2">预评估等级</td><td rowspan="2">一般隐患</td><td colspan="2">预评估负责人签名</td><td>×××</td><td>预评估负责人签名日期</td><td colspan="2">2018-6-4</td></tr>
<tr><td colspan="2">工区领导审核签名</td><td>×××</td><td>工区领导审核签名日期</td><td colspan="2">2018-6-4</td></tr>
<tr><td rowspan="2">评估</td><td rowspan="2">评估等级</td><td rowspan="2">一般隐患</td><td colspan="2">评估负责人签名</td><td>×××</td><td>评估负责人签名日期</td><td colspan="2">2018-6-4</td></tr>
<tr><td colspan="2">评估领导审核签名</td><td>×××</td><td>评估领导审核签名日期</td><td colspan="2">2018-6-4</td></tr>
<tr><td rowspan="7">治理</td><td>治理责任单位</td><td colspan="3">设备管理部</td><td>治理责任人</td><td colspan="3">×××</td></tr>
<tr><td>治理期限</td><td>自</td><td colspan="2">2018-6-4</td><td>至</td><td colspan="3">2018-10-20</td></tr>
<tr><td>是否计划项目</td><td colspan="4">是否完成计划外备案</td><td>计划编号</td><td colspan="2"></td></tr>
<tr><td>防控措施</td><td colspan="7">（1）由输配电运维班加强对 35kV×××线路 11～12 号杆之间线下树障的重点巡查，每周增加一次巡视，密切关注树木生长情况，必要时进行应急修剪处理。
（2）向农户下发隐患整改通知书，加快与农户协商进度，达成砍伐协议后对超高树木进行砍伐。
（3）结合日常工作加强电力设施保护宣传，防止类似事件的再次发生。
（4）做好应急人员及车辆等准备工作，严防突发事件</td></tr>
<tr><td>治理完成情况</td><td colspan="7">2018 年 6 月 13 日，工作人员对 35kV×××线路 11 号杆导线下方树木进行砍伐清理，砍伐后符合 DL/T 741—2010《架空输电线路运行规程》条款规定，满足线路安全运行要求，隐患治理完成</td></tr>
<tr><td colspan="4">隐患治理计划资金（万元）</td><td colspan="2">0.00</td><td>累计落实隐患治理资金（万元）</td><td>0.00</td></tr>
<tr><td colspan="8"></td></tr>
<tr><td rowspan="5">验收</td><td>验收申请单位</td><td colspan="2">国网××公司</td><td>负责人</td><td>×××</td><td>签字日期</td><td colspan="2">2018-6-13</td></tr>
<tr><td>验收组织单位</td><td colspan="7">国网××公司</td></tr>
<tr><td>验收意见</td><td colspan="7">经验收，已对 35kV×××线路 11～12 号杆导线下方树木进行砍伐清理，治理完成情况属实，符合 DL/T 741—2010《架空输电线路运行规程》附表 A6 中"110kV～35kV 导线在最大弧垂、最大风偏时与树木之间的安全距离最小为 4m"的规定，满足安全运行要求，隐患已消除</td></tr>
<tr><td>结论</td><td colspan="4">验收合格，治理措施已按要求实施，同意注销</td><td>是否消除</td><td colspan="2">是</td></tr>
<tr><td>验收组长</td><td colspan="4">×××</td><td>验收日期</td><td colspan="2">2018-6-13</td></tr>
</table>

2018 年度 国网××公司

发现	隐患简题	国网××公司 6 月 12 日，110kV×××线 73～74 号塔线下树障安全隐患			隐患来源	日常巡视	隐患原因	电力安全隐患
	隐患编号	国网××公司 2018××××	隐患所在单位	×××运检分部	专业分类	输电	详细分类	线树矛盾
	发现人	×××	发现人单位	输电运检一班	发现日期		2018-6-12	
	事故隐患内容	110kV×××线 73～74 号塔间距 74 号塔约 100m 处导线正下方有观赏苹果树约 400 棵，树高与导线垂直距离约 1.5m，不满足 DL/T 741—2010《架空输电线路运行规程》附表 A6 中"110kV～35kV 导线在最大弧垂、最大风偏时与树木之间的安全距离最小为 4m"的规定。大风天气时易引起导线摆动导致线路对地放电跳闸。可能造成《国家电网公司安全事故调查规程（2017 修正版）》2.3.7.2 定义的"35kV 以上输变电主设备被迫停运，时间超过 24 小时"的七级设备事件						
	可能导致后果	可能造成 35kV 以上输变电主设备被迫停运的七级设备事件			归属职能部门		运维检修	
预评估	预评估等级	一般隐患	预评估负责人签名	×××	预评估负责人签名日期		2018-6-12	
			工区领导审核签名	×××	工区领导审核签名日期		2018-6-12	
评估	评估等级	一般隐患	评估负责人签名	×××	评估负责人签名日期		2018-6-12	
			评估领导审核签名	×××	评估领导审核签名日期		2018-6-12	
治理	治理责任单位	×××运检分部			治理责任人		×××	
	治理期限	自	2018-6-12		至		2018-8-31	
	是否计划项目		是否完成计划外备案			计划编号		
	防控措施	（1）对该线下树障隐患每周增加一次巡视，密切关注树木生长情况，必要时进行应急修剪处理。 （2）向业主下发隐患整改通知书，加快与业主协商进度，达成砍伐协议后对超高树木进行砍伐或削顶处理。 （3）结合日常工作加强电力设施保护宣传，防止类似事件的再次发生。 （4）做好应急人员及车辆等准备工作，严防突发事件						
	治理完成情况	6 月 20 日对树木超高部分采取削尖处理，处理后树木与导线垂直距离达到 6m 以上，符合 DL/T 741—2010《架空输电线路运行规程》附表 A6 中"110kV～35kV 导线在最大弧垂、最大风偏时与树木之间的安全距离最小为 4m"的规定，满足安全运行要求，隐患治理已完成						
	隐患治理计划资金（万元）	0.00			累计落实隐患治理资金（万元）		0.00	
验收	验收申请单位	×××运检分部	负责人	×××	签字日期		2018-6-20	
	验收组织单位	国网××公司						
	验收意见	经验收，对树木超高部分已采取削尖处理，治理完成情况属实，符合 DL/T 741—2010《架空输电线路运行规程》条款规定，满足安全运行要求，隐患已消除						
	结论	验收合格，治理措施已按要求实施，同意注销			是否消除		是	
	验收组长	×××			验收日期		2018-6-20	

2018 年度　　　国网××公司

发现	隐患简题	国网××公司 5 月 31 日，220kV×××线 25～26 号杆线下线树矛盾隐患			隐患来源	日常巡视	隐患原因	电力安全事故隐患
	隐患编号	国网××公司/国网××公司2018××××	隐患所在单位	输电运检工区	专业分类	输电	详细分类	线树矛盾
	发现人	×××	发现人单位	输电运检八班	发现日期		2018-5-31	
	事故隐患内容	220kV×××线 25～26 号杆，线下及保护区 5 棵杨树，导线与树垂直距离 2m，不满足 DL/T 741—2010《架空输电线路运行规程》表 A.6 规定的"220kV 导线在最大弧垂时与树木之间的安全距离为 4.5m；最大风偏时安全距离为 4.0m"的要求，夏季树木生长速度快，易引起导线对树木放电造成接地短路掉闸事故。引起《国家电网公司安全事故调查规程（2017 修正版）》2.3.7.2 定义的"35kV 以上输变电主设备被迫停运，时间超过 24 小时"的七级设备事件						
	可能导致后果	可能造成 35kV 以上输变电主设备被迫停运的七级设备事件			归属职能部门		运维检修	
预评估	预评估等级	一般隐患	预评估负责人签名	×××	预评估负责人签名日期		2018-6-1	
			工区领导审核签名	×××	工区领导审核签名日期		2018-6-4	
评估	评估等级	一般隐患	评估负责人签名	×××	评估负责人签名日期		2018-6-4	
			评估领导审核签名	×××	评估领导审核签名日期		2018-6-4	
治理	治理责任单位	输电运检工区		治理责任人		×××		
	治理期限	自	2018-6-4	至		2018-7-31		
	是否计划项目		是否完成计划外备案			计划编号		
	防控措施	（1）对该线下树障隐患每周增加一次巡视，密切关注树木生长情况，必要时进行应急修剪处理。 （2）向业主下发隐患整改通知书，加快与业主协商进度，达成砍伐协议后对超高树木进行砍伐或削顶处理。 （3）结合日常工作加强电力设施保护宣传，防止类似事件的再次发生。 （4）做好应急人员及车辆等准备工作，严防突发事件						
	治理完成情况	6 月 15 日，工作人员对超高线下树进行砍伐处理，处理后符合 DL/T 741—2010《架空输电线路运行规程》表 A.6 规定的"220kV 导线在最大弧垂时与树木之间的安全距离为 4.5m；最大风偏时安全距离为 4.0m"要求，满足安全运行要求，隐患治理已完成						
	隐患治理计划资金（万元）		0.00		累计落实隐患治理资金（万元）		0.00	
验收	验收申请单位	输电运检工区		负责人	×××	签字日期	2018-6-17	
	验收组织单位	设备管理部						
	验收意见	经验收，已对超高线下树进行砍伐处理，治理完成情况属实，满足 DL/T 741—2010《架空输电线路运行规程》表 A.6 规定的"220kV 导线在最大弧垂时与树木之间的安全距离为 4.5m；最大风偏时安全距离为 4.0m"的要求，满足安全运行要求，隐患已消除						
	结论	验收合格，治理措施已按要求实施，同意注销			是否消除		是	
	验收组长	×××			验收日期		2018-6-17	

33

一般隐患排查治理档案表（4）

发现	隐患简题	国网××公司 5 月 30 日，500kV×××线 411～412 保护区树木安全隐患		隐患来源	日常巡视	隐患原因	电力安全事故隐患
	隐患编号	国网××公司 2018××××	隐患所在单位	输电运检工区	专业分类	输电	详细分类	线树矛盾
	发现人	×××	发现人单位	输电运检二班	发现日期		2018-5-30	
	事故隐患内容	500kV×××线 411～412 保护区杨树 20 棵垂距 7m，水平距离 6m，危及线路安全稳定运行，不满足《国家电网公司架空输电线路运维管理规定》[国网（运检/4）305—2014]规定的"导线与树木之间的最小净空距离 7m"的要求。大风天气时易引起导线摆动导致线路对地放电跳闸。引起《国家电网公司安全事故调查规程（2017 修正版）》2.3.7.2 定义的"35kV 以上输变电主设备被迫停运，时间超过 24 小时"的七级设备事件					
	可能导致后果	可能造成 35kV 以上输变电主设备被迫停运的七级设备事件		归属职能部门		运维检修	
预评估	预评估等级	一般隐患	预评估负责人签名	×××	预评估负责人签名日期		2018-5-31
			工区领导审核签名	×××	工区领导审核签名日期		2018-6-1
评估	评估等级	一般隐患	评估负责人签名	×××	评估负责人签名日期		2018-6-1
			评估领导审核签名	×××	评估领导审核签名日期		2018-6-1
治理	治理责任单位	输电运检二班		治理责任人		×××	
	治理期限	自	2018-6-1	至		2018-7-31	
	是否计划项目		是否完成计划外备案			计划编号	
	防控措施	（1）对该线下树障隐患每周增加一次巡视，密切关注树木生长情况，必要时进行应急修剪处理。 （2）向业主下发隐患整改通知书，加快与业主协商进度，达成砍伐协议后对超高树木进行砍伐或削顶处理。 （3）结合日常工作加强电力设施保护宣传，防止类似事件的再次发生。 （4）做好应急人员及车辆等准备工作，严防突发事件					
	治理完成情况	6 月 12 日，工作人员对保护区内超高的杨树 20 棵进行砍伐处理，处理后符合《国家电网公司架空输电线路运维管理规定》[国网（运检/4）305—2014]规定的"导线与树木之间的最小净空距离 7m"的规定，满足安全运行要求，隐患治理已完成					
	隐患治理计划资金（万元）		0.00		累计落实隐患治理资金（万元）		0.00
验收	验收申请单位	输电运检工区	负责人	×××	签字日期		2018-6-14
	验收组织单位	设备管理部					
	验收意见	经验收，已对保护区内超高的杨树 20 棵进行砍伐处理，治理完成情况属实，符合《国家电网公司架空输电线路运维管理规定》[国网（运检/4）305—2014]条款规定，满足安全运行要求，隐患已消除					
	结论	验收合格，治理措施已按要求实施，同意注销		是否消除		是	
	验收组长	×××		验收日期		2018-6-15	

10.1.5 易燃易爆物腐蚀性物质

一般隐患排查治理档案表

发现	隐患简题	国网××公司 5 月 9 日，35kV×××线 10 号铁塔基础堆放矿渣的倒塔隐患			隐患来源	日常巡视	隐患原因	电力安全隐患
	隐患编号	国网××公司/国网××公司2018××××	隐患所在单位	国网××公司	专业分类	输电	详细分类	易燃易爆物腐蚀性物质
	发现人	×××	发现人单位	设备管理部	发现日期	2018-5-9		
	事故隐患内容	国网××公司 35kV×××线 10 号铁塔基础下堆放矿渣，且铁塔基础已被矿渣掩埋，不满足《电力设施保护条例》第十五条规定的"任何单位或个人在架空电力保护区内，不得堆放谷物、草料、垃圾、矿渣、易燃物、易爆物及其他影响安全供电的物品"的要求。由于矿渣具有一定腐蚀性，存在塔基腐蚀的风险，可能造成铁塔架构变形导致倒塔断线，可能造成《国家电网公司安全事故调查规程（2017 修正版）》2.3.7.2 定义的"35kV 以上 220kV 以下输电线路倒塔"的七级设备事件						
	可能导致后果	可能造成 35kV 线路倒塔断线的七级设备事件			归属职能部门	运维检修		
预评估	预评估等级	一般隐患	预评估负责人签名	×××	预评估负责人签名日期	2018-5-9		
			工区领导审核签名	×××	工区领导审核签名日期	2018-5-9		
评估	评估等级	一般隐患	评估负责人签名	×××	评估负责人签名日期	2018-5-13		
			评估领导审核签名	×××	评估领导审核签名日期	2018-5-13		
治理	治理责任单位	设备管理部		治理责任人	×××			
	治理期限	自	2018-5-13	至	2018-6-30			
	是否计划项目		是否完成计划外备案		计划编号			
	防控措施	（1）设备管理部派专人加强日常巡视，增设临时警示标识。 （2）及时下达隐患整改通知单，督促有关人员对杆塔基础矿渣进行清理。 （3）联系当地政府安监部门加强宣传力度，以防类似事件再次发生						
	治理完成情况	6 月 5 日，设备管理部输电运检人员×××等组织人员对 35kV×××线 10 号铁塔基础矿渣进行清理，并要求当地政府部门加强监管，清理后符合《电力设施保护条例》第十五条规定的"任何单位或个人在架空电力保护区内，不得堆放谷物、草料、垃圾、矿渣、易燃物、易爆物及其他影响安全供电的物品"的要求，满足安全运行要求，隐患治理已完成						
	隐患治理计划资金（万元）		0.00		累计落实隐患治理资金（万元）		0.00	
验收	验收申请单位	国网××公司	负责人	×××	签字日期	2018-6-7		
	验收组织单位	国网××公司						
	验收意见	经验收，国网××公司已对 35kV×××线 10 号铁塔基础附近的矿渣进行清理，符合《电力设施保护条例》第十五条规定的"任何单位或个人在架空电力保护区内，不得堆放谷物、草料、垃圾、矿渣、易燃物、易爆物及其他影响安全供电的物品"的要求，满足安全运行要求，隐患已消除						
	结论	验收合格，治理措施已按要求实施，同意注销			是否消除	是		
	验收组长	×××			验收日期	2018-6-7		

10.1.6 线路走廊周边异物

一般隐患排查治理档案表

<table>
<tr><td rowspan="4">发现</td><td>隐患简题</td><td colspan="3">国网××公司 5 月 25 日，220kV×××线 50 号杆塔周围堆积垃圾安全隐患</td><td>隐患来源</td><td>日常巡视</td><td>隐患原因</td><td>电力安全隐患</td></tr>
<tr><td>隐患编号</td><td>国网××公司 2018××××</td><td>隐患所在单位</td><td>输电运检室</td><td>专业分类</td><td>输电</td><td>详细分类</td><td>线路走廊周边异物</td></tr>
<tr><td>发现人</td><td>×××</td><td>发现人单位</td><td>线路运检三班</td><td>发现日期</td><td colspan="3">2018-5-25</td></tr>
<tr><td>事故隐患内容</td><td colspan="7">220kV×××线 50 号杆塔位于垃圾场内，周围堆积垃圾严重，塔脚被垃圾掩埋，不满足《电力设施保护条例》第三章第十五条"任何单位或个人在架空电力保护区内，不得堆放谷物、草料、垃圾、矿渣、易燃物、易爆物及其他影响安全供电的物品"的规定。由于杆塔周围垃圾具有一定的腐蚀性，目前塔脚出现保护层脱落，并有小面积锈蚀，不及时处理的话，锈蚀会逐步加重，削弱杆塔稳定性，可能最终引起线路倒塔跳闸事故。可能造成《国家电网公司安全事故调查规程（2017 修正版）》2.3.7.2 定义的"35kV 以上 220kV 以下输电线路倒塔"的七级设备设备事件</td></tr>
<tr><td></td><td>可能导致后果</td><td colspan="4">可能造成 220kV 输电线路倒塔的七级设备事件</td><td>归属职能部门</td><td colspan="2">运维检修</td></tr>
<tr><td rowspan="2">预评估</td><td rowspan="2">预评估等级</td><td rowspan="2">一般隐患</td><td colspan="2">预评估负责人签名</td><td>×××</td><td>预评估负责人签名日期</td><td colspan="2">2018-5-26</td></tr>
<tr><td colspan="2">工区领导审核签名</td><td>×××</td><td>工区领导审核签名日期</td><td colspan="2">2018-5-26</td></tr>
<tr><td rowspan="2">评估</td><td rowspan="2">评估等级</td><td rowspan="2">一般隐患</td><td colspan="2">评估负责人签名</td><td>×××</td><td>评估负责人签名日期</td><td colspan="2">2018-5-26</td></tr>
<tr><td colspan="2">评估领导审核签名</td><td>×××</td><td>评估领导审核签名日期</td><td colspan="2">2018-5-26</td></tr>
<tr><td rowspan="7">治理</td><td>治理责任单位</td><td colspan="3">线路运检三班</td><td>治理责任人</td><td colspan="3">×××</td></tr>
<tr><td>治理期限</td><td>自</td><td colspan="2">2018-5-26</td><td>至</td><td colspan="3">2018-10-31</td></tr>
<tr><td>是否计划项目</td><td colspan="3"></td><td colspan="2">是否完成计划外备案</td><td>计划编号</td><td></td></tr>
<tr><td>防控措施</td><td colspan="7">（1）对 220kV×××线 50 号杆塔加强巡视，每月增加一次，恶劣天气下组织特巡，发现问题及时上报。
（2）对塔脚周围垃圾进行临时清理，在杆塔基础周围修建临时防护墙，并对杆塔基础进行防腐处理，防止腐蚀扩大。
（3）与属地公司联系，加快与有关部门协商进度，尽快协调垃圾场搬离。
（4）输电运检室要做好人员、车辆、物资等应急抢修准备，一旦发生倒塔事故及时组织抢修工作，快速恢复供电</td></tr>
<tr><td>治理完成情况</td><td colspan="7">6 月 24 日，工作人员将 220kV×××线 50 号杆塔周围堆积垃圾清理干净，处理后符合《电力设施保护条例》第三章第十五条"任何单位或个人在架空电力保护区内，不得堆放谷物、草料、垃圾、矿渣、易燃物、易爆物及其他影响安全供电的物品"的规定，满足安全运行要求，隐患治理已完成</td></tr>
<tr><td colspan="2">隐患治理计划资金（万元）</td><td colspan="3">0.00</td><td colspan="2">累计落实隐患治理资金（万元）</td><td>0.00</td></tr>
<tr><td colspan="8"></td></tr>
<tr><td rowspan="4">验收</td><td>验收申请单位</td><td colspan="2">输电运检室</td><td>负责人</td><td>×××</td><td>签字日期</td><td colspan="2">2018-6-26</td></tr>
<tr><td>验收组织单位</td><td colspan="7">设备管理部</td></tr>
<tr><td>验收意见</td><td colspan="7">经验收，220kV×××线 50 号杆塔周围堆积垃圾已被清理干净，治理完成情况属实，符合《电力设施保护条例》第三章第十五条"任何单位或个人在架空电力保护区内，不得堆放谷物、草料、垃圾、矿渣、易燃物、易爆物及其他影响安全供电的物品"的规定，满足安全运行要求，隐患已消除</td></tr>
<tr><td>结论</td><td colspan="4">验收合格，治理措施已按要求实施，同意注销</td><td>是否消除</td><td colspan="2">是</td></tr>
<tr><td></td><td>验收组长</td><td colspan="4">×××</td><td>验收日期</td><td colspan="2">2018-6-26</td></tr>
</table>

10.1.7 地质灾害

一般隐患排查治理档案表

2017 年度   国网××公司

<table>
<tr><td rowspan="6">发现</td><td>隐患简题</td><td colspan="3">国网××公司 7 月 16 日，110kV×××线 17 号电杆因雨水冲刷造成杆体倾斜的倒杆断线隐患</td><td>隐患来源</td><td>安全检查</td><td>隐患原因</td><td>设备设施隐患</td></tr>
<tr><td>隐患编号</td><td>国网××公司
2017××××</td><td>隐患所在单位</td><td>输电运检工区</td><td>专业分类</td><td>输电</td><td>详细分类</td><td>地质灾害</td></tr>
<tr><td>发现人</td><td>×××</td><td>发现人单位</td><td>运检一班</td><td>发现日期</td><td colspan="3">2017-7-16</td></tr>
<tr><td>事故隐患内容</td><td colspan="7">110kV×××线 17 号电杆，近期因××地区强降雨，电杆基础受到雨水冲刷，目前双电杆基础已开始下沉，双杆向大号侧倾斜（1.2％），不满足 DL/T 741—2010《架空输电线路运行规程》规定的 1%限值。暴雨、洪灾等恶劣天气下，极易引起线路倒杆断线，可能造成《国家电网公司安全事故调查规程（2017 修正版）》2.3.7.2 定义的"35kV 以上 220kV 以下输电线路倒塔"的七级设备事件</td></tr>
<tr><td>可能导致后果</td><td colspan="4">可能造成 110kV 输电线路倒杆断线的七级设备事件</td><td>归属职能部门</td><td colspan="2">运维检修</td></tr>
<tr><td colspan="8"></td></tr>
<tr><td rowspan="2">预评估</td><td rowspan="2">预评估等级</td><td rowspan="2" colspan="2">一般隐患</td><td>预评估负责人签名</td><td>×××</td><td>预评估负责人签名日期</td><td colspan="2">2017-7-16</td></tr>
<tr><td>工区领导审核签名</td><td>×××</td><td>工区领导审核签名日期</td><td colspan="2">2017-7-17</td></tr>
<tr><td rowspan="2">评估</td><td rowspan="2">评估等级</td><td rowspan="2" colspan="2">一般隐患</td><td>评估负责人签名</td><td>×××</td><td>评估负责人签名日期</td><td colspan="2">2017-7-18</td></tr>
<tr><td>评估领导审核签名</td><td>×××</td><td>评估领导审核签名日期</td><td colspan="2">2017-7-18</td></tr>
<tr><td rowspan="8">治理</td><td>治理责任单位</td><td colspan="3">运检一班</td><td>治理责任人</td><td colspan="3">×××</td></tr>
<tr><td>治理期限</td><td>自</td><td colspan="2">2017-7-18</td><td>至</td><td colspan="3">2017-8-31</td></tr>
<tr><td>是否计划项目</td><td colspan="3">是否完成计划外备案</td><td></td><td>计划编号</td><td colspan="2"></td></tr>
<tr><td>防控措施</td><td colspan="7">（1）运检一班加强线路巡视，每周至少一次，恶劣天气下组织特巡，发现问题及时上报。
（2）增设临时拉线，并对电杆进行临时培土加固。
（3）制订治理方案，尽快组织对电杆进行校正。
（4）输电运检工区要做好人员、车辆、物资等应急抢修准备，一旦发生倒塔事故及时组织抢修工作，快速恢复供电</td></tr>
<tr><td>治理完成情况</td><td colspan="7">8 月 9 日，输电室职工×××、×××、×××等人在×××县属地公司帮助下，对 17 号电杆进行了培土、扶正和加固处理，处理后符合 DL/T 741—2010《架空输电线路运行规程》条款规定，满足安全运行要求，隐患治理已完成</td></tr>
<tr><td>隐患治理计划资金（万元）</td><td colspan="3">0.00</td><td>累计落实隐患治理资金（万元）</td><td colspan="3">0.00</td></tr>
<tr><td rowspan="6">验收</td><td>验收申请单位</td><td colspan="2">输电运检工区</td><td>负责人</td><td>×××</td><td>签字日期</td><td colspan="2">2017-8-9</td></tr>
<tr><td>验收组织单位</td><td colspan="7">设备管理部</td></tr>
<tr><td>验收意见</td><td colspan="7">经验收，输电运检室已对 110kV×××线 17 号电杆进行培土加固、校正处理，处理后符合 DL/T 741—2010《架空输电线路运行规程》条款规定，满足安全运行要求，隐患已消除</td></tr>
<tr><td>结论</td><td colspan="3">验收合格，治理措施已按要求实施，同意注销</td><td>是否消除</td><td colspan="3">是</td></tr>
<tr><td>验收组长</td><td colspan="3">×××</td><td>验收日期</td><td colspan="3">2017-8-11</td></tr>
</table>

10.2 变电

10.2.1 附属设施类/建、构筑物

一般隐患排查治理档案表

2018 年度

国网××公司

发现	隐患简题	国网××公司 1 月 12 日，35kV×××站 10kV 配电室屋顶防水卷材泛水高度过低隐患			隐患来源	日常巡视	隐患原因	设备设施隐患
	隐患编号	国网××公司/国网××公司2018××××	隐患所在单位	国网××公司	专业分类	变电	详细分类	附属设施类/建、构筑物
	发现人	×××	发现人单位	国网××公司	发现日期		2018-1-12	
	事故隐患内容	35kV×××站 10kV 配电室屋顶防水卷材泛水高度为 200mm，不符合公司发布的《变电运维通用管理规定　第 27 分册：土建设施运维细则》1.1.9 "屋顶的防水卷材应铺至女儿墙垂直墙面上，粘贴牢固，泛水高度不小于 250mm" 的规定。大风天气容易刮落防水卷材至 35kV 设备区，容易造成《国家电网公司安全事故调查规程（2017 修正版）》2.2.7.1 "35kV 以上输变电设备异常运行或被迫停止运行，并造成减供负荷者"，或者 2.2.7.2 "变电站内 35kV 母线非计划全停" 的七级电网事件						
	可能导致后果	可能造成 35kV 设备被迫停止运行减供负荷的七级电网事件			归属职能部门		运维检修	
预评估	预评估等级	一般隐患	预评估负责人签名	×××	预评估负责人签名日期		2018-1-12	
			工区领导审核签名	×××	工区领导审核签名日期		2018-1-12	
评估	评估等级	一般隐患	评估负责人签名	×××	评估负责人签名日期		2018-1-12	
			评估领导审核签名	×××	评估领导审核签名日期		2018-1-15	
治理	治理责任单位	国网××公司		治理责任人	×××			
	治理期限	自	2018-1-12	至	2018-12-31			
	是否计划项目	否	是否完成计划外备案		是	计划编号		
	防控措施	组织运维人员加强巡视工作，雨前雨后组织专项检查，发现异常立即采取临时处理措施并上报						
	治理完成情况	发现隐患后立即联系施工队伍，2018 年 2 月 13 日与施工施工队伍第一次竞价谈判。2018 年 3 月 14 日与施工队伍第二次竞价谈判。2018 年 3 月 25 日施工材料运到现场，2018 年 4 月 22 日依据管控计划进行施工作业。同日施工完毕，次日施工验收完毕。2018 年 5 月第一次雷雨天气后复验，2018 年 6 月第二雷雨天气复验，现场满足《变电运维通用管理规定　第 27 分册：土建设施运维细则》1.1.9 "屋顶的防水卷材应铺至女儿墙垂直墙面上，粘贴牢固，泛水高度不小于 250mm" 的规定，隐患治理完成，申请验收销号						
	隐患治理计划资金（万元）		0.00	累计落实隐患治理资金（万元）		0.00		
验收	验收申请单位	国网××公司	负责人	×××	签字日期		2018-6-20	
	验收组织单位	国网××公司						
	验收意见	验收合格，符合公司发布的《变电运维通用管理规定　第 27 分册：土建设施运维细则》1.1.9 "屋顶的防水卷材应铺至女儿墙垂直墙面上，粘贴牢固，泛水高度不小于 250mm" 的规定。10kV 配电室屋顶防水卷材泛水高度过低隐患确已处理						
	结论	验收合格，治理措施已按要求实施，同意注销			是否消除		是	
	验收组长	×××			验收日期		2018-6-21	

10.2.2 外部环境类/其他

一般隐患排查治理档案表

国网××公司

发现	隐患简题	国网××公司 3 月 13 日，35kV×××变电站主控室防静电地板破损隐患		隐患来源	专项监督	隐患原因	人身安全隐患
	隐患编号	国网××公司/国网××公司2018×××	隐患所在单位	国网××公司	专业分类	变电	详细分类	外部环境类/其他
	发现人	×××	发现人单位	国网××公司	发现日期		2018-3-13
	事故隐患内容	国网××公司 35kV×××变电站内主控室防静电地板，因日常维护不善，有一块板出现严重破损坍塌，不符合 Q/GDW 1799.1—2013《国家电网公司电力安全工作规程 变电部分》16.1.2"变电站（生产厂房）内外工作场所的井、坑、孔、洞或沟道，应覆以与地面齐平而坚固的盖板"的规定。有可能造成工作人员在防静电地板上走动时发生踩空误入坑内，构成《国家电网公司安全事故调查规程（2017 修正版）》2.1.2.8 定义的"无人员死亡和重伤，但造成 1～2 人轻伤者"的八级人身事件					
	可能导致后果	可能造成八级人身事件			归属职能部门		运维检修
预评估	预评估等级	一般隐患	预评估负责人签名	×××	预评估负责人签名日期		2018-3-13
			工区领导审核签名	×××	工区领导审核签名日期		2018-3-14
评估	评估等级	一般隐患	评估负责人签名	×××	评估负责人签名日期		2018-3-14
			评估领导审核签名	×××	评估领导审核签名日期		2018-3-19
治理	治理责任单位	国网××公司		治理责任人		×××	
	治理期限	自	2018-3-13	至		2018-4-30	
	是否计划项目		是否完成计划外备案		计划编号		
	防控措施	在隐患治理期间，采取临时封挡措施，加挂警示牌，防止检修运行人员误踩					
	治理完成情况	2018 年 4 月 2 日已经更换了静电地板，治理后满足 Q/GDW 1799.1—2013《国家电网公司电力安全工作规程 变电部分》16.1.2"变电站（生产厂房）内外工作场所的井、坑、孔、洞或沟道，应覆以与地面齐平而坚固的盖板"的规定，申请验收销号					
	隐患治理计划资金（万元）	0.04		累计落实隐患治理资金（万元）		0.00	
验收	验收申请单位	国网××公司	负责人	×××	签字日期		2018-4-10
	验收组织单位	国网××公司					
	验收意见	已完成治理，满足 Q/GDW 1799.1—2013《国家电网公司电力安全工作规程 变电部分》16.1.2"变电站（生产厂房）内外工作场所的井、坑、孔、洞或沟道，应覆以与地面齐平而坚固的盖板"的规定，隐患已消除					
	结论	验收合格，治理措施已按要求实施，同意注销		是否消除		是	
	验收组长	×××		验收日期		2018-4-10	

10.2.3 附属设施类/电缆沟道

2018 年度 国网××公司

发现	隐患简题	国网××公司 6 月 6 日，35kV×××变电站部分电缆沟盖损坏隐患			隐患来源	专项监督	隐患原因	人身安全隐患
	隐患编号	国网××公司/国网××公司2018××××	隐患所在单位	国网××公司	专业分类	变电	详细分类	附属设施类/电缆沟道
	发现人	×××	发现人单位	国网××公司	发现日期		2018-6-6	
	事故隐患内容	国网××公司 35kV×××变电站站内 10kV 电缆沟盖板因投运年限较长，部分已出现断裂、破损情况，不符合 Q/GDW 1799.1—2013《国家电网公司电力安全工作规程 变电部分》16.1.2 "变电站（生产厂房）内外工作场所的井、坑、孔、洞或沟道，应覆以与地面齐平而坚固的盖板"的规定，易发生人员在作业过程中跌倒受伤，构成《国家电网公司安全事故调查规程（2017 修正版）》2.1.2.8 定义的"无人员死亡和重伤，但造成 1～2 人轻伤者"的八级人身事件						
	可能导致后果	可能造成八级人身事件			归属职能部门		运维检修	
预评估	预评估等级	一般隐患	预评估负责人签名	×××	预评估负责人签名日期		2018-6-6	
			工区领导审核签名	×××	工区领导审核签名日期		2018-6-6	
评估	评估等级	一般隐患	评估负责人签名	×××	评估负责人签名日期		2018-6-6	
			评估领导审核签名	×××	评估领导审核签名日期		2018-6-6	
治理	治理责任单位	国网××公司		治理责任人		×××		
	治理期限	自	2018-6-6	至		2018-7-6		
	是否计划项目		是否完成计划外备案			计划编号		
	防控措施	变电运维班已采取临时封挡措施，禁止工作人员进入出现龟裂、断纹电缆沟盖板区域。对盖板抓紧更换						
	治理完成情况	2018 年 6 月 15 日，变电运维班组织人员将 35kV×××变电站站内部分损坏的 10kV 电缆沟盖板进行了维修，符合 Q/GDW 1799.1—2013《国家电网公司电力安全工作规程 变电部分》16.1.2 "变电站（生产厂房）内外工作场所的井、坑、孔、洞或沟道，应覆以与地面齐平而坚固的盖板"的规定，申请验收销号						
	隐患治理计划资金（万元）		0.01		累计落实隐患治理资金（万元）		0.00	
验收	验收申请单位	国网××公司	负责人	×××	签字日期		2018-6-15	
	验收组织单位	国网××公司						
	验收意见	隐患已消除，电缆沟盖损坏隐患已处理，符合 Q/GDW 1799.1—2013《国家电网公司电力安全工作规程 变电部分》16.1.2 "变电站（生产厂房）内外工作场所的井、坑、孔、洞或沟道，应覆以与地面齐平而坚固的盖板"的规定，验收通过						
	结论	验收合格，治理措施已按要求实施，同意注销			是否消除		是	
	验收组长	×××			验收日期		2018-6-15	

2018 年度 国网××公司

发现	隐患简题	国网××公司 5 月 15 日，35kV×××变电站多块电缆沟盖板裂纹隐患			隐患来源	安全检查	隐患原因	人身安全隐患
	隐患编号	国网××公司/国网××公司2018××××	隐患所在单位	国网××公司	专业分类	变电	详细分类	附属设施类/电缆沟道
	发现人	×××	发现人单位	国网××公司	发现日期			2018-5-15
	事故隐患内容	国网××公司 35kV×××变电站站内多处 10kV 电缆沟盖板因投运年限较长已出现龟裂，部分出现密集裂纹，不符合 Q/GDW 1799.1—2013《国家电网公司电力安全工作规程　变电部分》16.1.2 "变电站（生产厂房）内外工作场所的井、坑、孔、洞或沟道，应覆以与地面齐平而坚固的盖板"的规定。电缆沟深度约为 1m，工作人员在电缆沟盖板走动时，可能造成人身伤害，构成《国家电网公司安全事故调查规程（2017 修正版）》2.1.2.8 定义的"无人员死亡和重伤，但造成 1～2 人轻伤者"的八级人身事件						
	可能导致后果	可能造成八级人身事件			归属职能部门			运维检修
预评估	预评估等级	一般隐患	预评估负责人签名	×××	预评估负责人签名日期			2018-5-15
			工区领导审核签名	×××	工区领导审核签名日期			2018-5-15
评估	评估等级	一般隐患	评估负责人签名	×××	评估负责人签名日期			2018-5-17
			评估领导审核签名	×××	评估领导审核签名日期			2018-5-17
治理	治理责任单位	国网××公司		治理责任人			×××	
	治理期限	自	2018-5-15	至			2018-6-30	
	是否计划项目		是否完成计划外备案			计划编号		
	防控措施	变电运维班加强巡视，发现问题及时报送设备管理部，同时采取临时封挡措施，禁止工作人员进入出现塌陷的电缆沟盖板区域；并制订治理计划，尽快完成沟盖板的更换						
	治理完成情况	6 月 13 日，变电运维班组织人员将 35kV×××变电站站内多处损坏的 10kV 电缆沟盖板进行了维修，符合 Q/GDW 1799.1—2013《国家电网公司电力安全工作规程　变电部分》16.1.2 "变电站（生产厂房）内外工作场所的井、坑、孔、洞或沟道，应覆以与地面齐平而坚固的盖板"的规定，申请验收销号						
	隐患治理计划资金（万元）	0.10		累计落实隐患治理资金（万元）			0.00	
验收	验收申请单位	国网××公司	负责人	×××	签字日期			2018-6-13
	验收组织单位	国网××公司						
	验收意见	已进行现场勘查，国网××公司 35kV×××变电站站内损坏的 10kV 电缆沟盖板已进行了维修，符合 Q/GDW 1799.1—2013《国家电网公司电力安全工作规程　变电部分》16.1.2 "变电站（生产厂房）内外工作场所的井、坑、孔、洞或沟道，应覆以与地面齐平而坚固的盖板"的规定，消除了隐患						
	结论	验收合格，治理措施已按要求实施，同意注销			是否消除			是
	验收组长	×××			验收日期			2018-6-14

2018 年度　　国网××公司

发现	隐患简题	国网××公司2月6日，35kV×××电站电缆沟盖板塌陷隐患			隐患来源	专项监督	隐患原因	人身安全隐患
	隐患编号	国网××公司/国网××公司2018××××	隐患所在单位	国网××公司	专业分类	变电	详细分类	附属设施类/电缆沟道
	发现人	×××	发现人单位	国网××公司	发现日期		2018-2-6	
	事故隐患内容	国网××公司35kV×××电站电缆沟盖板下面支撑的角铁损坏，导致电缆沟盖板一面翘起来，一面塌陷，不符合 Q/GDW 1799.1—2013《国家电网公司电力安全工作规程　变电部分》16.1.2"变电站（生产厂房）内外工作场所的井、坑、孔、洞或沟道，应覆以与地面齐平而坚固的盖板"的规定。电缆沟沟深1m，工作人员在电缆沟附近巡视设备时，易发生掉入电缆沟，造成人员摔伤，构成《国家电网公司安全事故调查规程（2017修正版）》2.1.2.8定义的"无人员死亡和重伤，但造成1~2人轻伤者"的八级人身事件						
	可能导致后果	可能造成八级人身事件			归属职能部门		运维检修	
预评估	预评估等级	一般隐患	预评估负责人签名	×××	预评估负责人签名日期		2018-2-6	
			工区领导审核签名	×××	工区领导审核签名日期		2018-2-6	
评估	评估等级	一般隐患	评估负责人签名	×××	评估负责人签名日期		2018-2-6	
			评估领导审核签名	×××	评估领导审核签名日期		2018-2-7	
治理	治理责任单位	设备管理部		治理责任人	×××			
	治理期限	自	2018-2-6	至	2018-2-28			
	是否计划项目		是否完成计划外备案		计划编号			
	防控措施	变电运维班加强巡视，发现问题及时报送设备管理部，同时采取临时封挡措施，禁止工作人员进入出现塌陷的电缆沟盖板区域						
	治理完成情况	已由设备管理部联系厂家，采购角铁，并安排计划于2月12日对35kV×××变电站电缆沟盖板下面支撑的角铁进行更换，现场满足 Q/GDW 1799.1—2013《国家电网公司电力安全工作规程　变电部分》16.1.2"变电站（生产厂房）内外工作场所的井、坑、孔、洞或沟道，应覆以与地面齐平而坚固的盖板"的规定，申请验收销号						
	隐患治理计划资金（万元）		0.10		累计落实隐患治理资金（万元）		0.00	
验收	验收申请单位	国网××公司	负责人	×××	签字日期		2018-2-12	
	验收组织单位	国网××公司						
	验收意见	已对35kV×××变电站电缆沟盖板下面支撑的角铁进行更换，满足 Q/GDW 1799.1—2013《国家电网公司电力安全工作规程　变电部分》16.1.2"变电站（生产厂房）内外工作场所的井、坑、孔、洞或沟道，应覆以与地面齐平而坚固的盖板"的规定，隐患已消除						
	结论	验收合格，治理措施已按要求实施，同意注销			是否消除		是	
	验收组长	×××			验收日期		2018-2-12	

2018 年度 国网××公司

发现	隐患简题	国网××公司 2 月 5 日，35kV×××变电站室外通道地面塌陷隐患		隐患来源	安全检查	隐患原因	人身安全隐患
	隐患编号	国网××公司/国网××公司 2018××××	隐患所在单位	国网××公司	专业分类	变电	详细分类	附属设施类/电缆沟道
	发现人	×××	发现人单位	检修试验班	发现日期		2018-2-5	
	事故隐患内容	国网××公司 35kV×××变电站室外通道地板松动，沟道附近地板多处下陷，不符合 Q/GDW 1799.1—2013《国家电网公司电力安全工作规程　变电部分》16.1.2 "变电站（生产厂房）内外工作场所的井、坑、孔、洞或沟道，应覆以与地面齐平而坚固的盖板"的规定。电缆沟沟深 0.5m，工作人员在电缆沟附近走动时，易发生地板塌陷，造成人员摔伤，可能造成《国家电网公司安全事故调查规程（2017 修正版）》2.1.2.8 定义的"无人员死亡和重伤，但造成 1~2 人轻伤者"的八级人身事件					
	可能导致后果	可能造成八级人身事件		归属职能部门		运维检修	
预评估	预评估等级	一般隐患	预评估负责人签名	×××	预评估负责人签名日期		2018-2-6	
			工区领导审核签名	×××	工区领导审核签名日期		2018-2-6	
评估	评估等级	一般隐患	评估负责人签名	×××	评估负责人签名日期		2018-2-6	
			评估领导审核签名	×××	评估领导审核签名日期		2018-2-6	
治理	治理责任单位	国网××公司		治理责任人		×××	
	治理期限	自	2018-2-5	至		2018-3-15	
	是否计划项目		是否完成计划外备案		计划编号			
	防控措施	已采取临时封挡措施，禁止工作人员进入出现塌陷的地板区域						
	治理完成情况	国网××公司于 2018 年 3 月 6 日，通过更换地板已经完成治理 35kV×××变电站室外通道地板松动、塌陷问题，现场满足 Q/GDW 1799.1—2013《国家电网公司电力安全工作规程　变电部分》16.1.2 "变电站（生产厂房）内外工作场所的井、坑、孔、洞或沟道，应覆以与地面齐平而坚固的盖板"的规定，申请验收销号						
	隐患治理计划资金（万元）		0.10	累计落实隐患治理资金（万元）		0.00	
验收	验收申请单位	国网××公司	负责人	×××	签字日期		2018-3-6	
	验收组织单位	国网××公司						
	验收意见	经验收，已对 35kV×××变电站室外通道地板进行修复，满足 Q/GDW 1799.1—2013《国家电网公司电力安全工作规程　变电部分》16.1.2 "变电站（生产厂房）内外工作场所的井、坑、孔、洞或沟道，应覆以与地面齐平而坚固的盖板"的规定，隐患消除						
	结论	验收合格，治理措施已按要求实施，同意注销		是否消除		是	
	验收组长	×××		验收日期		2018-3-6	

2018 年度　　　　　　　　　　　　　　　　　　　　　　　　　　　　　　　　　　　　　　　国网××公司

发现	隐患简题	国网××公司 1 月 12 日，35kV×××变电站二次电缆沟边沟及盖板破损的人身伤害隐患		隐患来源	日常巡视	隐患原因	人身安全隐患
	隐患编号	国网××公司/国网××公司 2018××××	隐患所在单位	国网××公司	专业分类	变电	详细分类	附属设施类/电缆沟道
	发现人	×××	发现人单位	检修试验工区	发现日期		2018-1-12
	事故隐患内容	国网××公司 35kV×××变电站二次电缆沟边沟和部分盖板老化破损，该装置 2005 年 5 月 7 日投运，运行时间在 12 年以上，二次电缆沟边沟和部分盖板风化严重，部分连接部位缝隙较大，不满足《国家电网公司配网运维管理规定》［国网（运检/4）306—2014］第十二章第六十五条规定的"电缆沟盖板齐全完整并排列紧密"的要求。迎峰度冬期间或极端恶劣天气下，运行人员在工作中极易跌倒受伤，可能造成《国家电网公司安全事故调查规程（2017 修正版）》2.1.2.8 定义的"无人员死亡和重伤，但造成 1～2 人轻伤者"的八级人身事件					
	可能导致后果	可能造成人员受伤的八级人身事件			归属职能部门		运维检修
预评估	预评估等级	一般隐患	预评估负责人签名	×××	预评估负责人签名日期		2018-1-14
			工区领导审核签名	×××	工区领导审核签名日期		2018-1-16
评估	评估等级	一般隐患	评估负责人签名	×××	评估负责人签名日期		2018-1-16
			评估领导审核签名	×××	评估领导审核签名日期		2018-1-16
治理	治理责任单位	检修试验工区		治理责任人		×××	
	治理期限	自	2018-1-16	至		2018-2-28	
	是否计划项目		是否完成计划外备案		否	计划编号	
	防控措施	运检工区负责制定整改方案，上报工作计划，加强运行人员的监护巡察，关注天气变化，特别是雷雨天气，要增加特殊巡视检查，及时上报发现的问题						
	治理完成情况	2 月 1 日，派检修人员×××及 5 名施工人员到 35kV×××变电站，根据治理方案要求，对二次电缆沟沟盖板进行加固及更换处理，施工后现场满足《国家电网公司配网运维管理规定》［国网（运检/4）306—2014］第十二章第六十五条规定的"电缆沟盖板齐全完整并排列紧密"的要求，申请验收销号						
	隐患治理计划资金（万元）		3.20		累计落实隐患治理资金（万元）		0.00
验收	验收申请单位	国网××公司	负责人	×××	签字日期		2018-2-3
	验收组织单位	设备管理部					
	验收意见	经验收，国网××公司已对 35kV×××变电站二次电缆沟边沟及盖板进行加固更换处理，满足《国家电网公司配网运维管理规定》［国网（运检/4）306—2014］第十二章第六十五条规定的"电缆沟盖板齐全完整并排列紧密"的要求，隐患治理完成，验收合格						
	结论	验收合格，治理措施已按要求实施，同意注销			是否消除		是
	验收组长	×××			验收日期		2018-2-6

10.2.4 安全设施/安全防护

一般隐患排查治理档案表（1）

2018 年度　　　　　　　　　　　　　　　　　　　　　　　　　　　　　　　　　　　　　　　国网××公司

发现	隐患简题	国网××公司 5 月 27 日，220kV×××站工程施工三级低压 1、2 号配电箱内漏电保护器未定期检查隐患			隐患来源	安全检查	隐患原因	人身安全隐患
	隐患编号	国网××公司 2018××××	隐患所在单位	输变电工程公司	专业分类	变电	详细分类	安全设施/安全防护
	发现人	×××	发现人单位	输变电工程公司	发现日期			2018-5-27
	事故隐患内容	国网××公司新建 220kV×××变电站工程，施工电源低压配电箱土建移交电气施工项目部后，变电施工负责人 5 月份未组织有关人员按时对漏电保护器进行例行检查，漏电保护器在使用中不能保证其性能良好、动作正确，存在人员意外触电的安全隐患，不符合《国家电网公司电力安全工作规程（电网建设部分）（试行）》3.5.4.1"配电箱应根据用电负荷状态装设短路、过载保护电器和剩余电流动作保护装置（漏电保护器），并定期检查和试验"的规定，可能造成《国家电网公司安全事故调查规程（2017 修正版）》2.1.2.8 定义的"无人员死亡和重伤，但造成 1～2 人轻伤者"的八级人身事件						
	可能导致后果	可能造成八级人身事件			归属职能部门			基建
预评估	预评估等级	一般隐患	预评估负责人签名	×××	预评估负责人签名日期			2018-6-1
			工区领导审核签名	×××	工区领导审核签名日期			2018-6-1
评估	评估等级	一般隐患	评估负责人签名	×××	评估负责人签名日期			2018-6-1
			评估领导审核签名	×××	评估领导审核签名日期			2018-6-1
治理	治理责任单位	输变电工程公司		治理责任人				×××
	治理期限	自	2018-6-1	至				2018-7-27
	是否计划项目		是否完成计划外备案				计划编号	
	防控措施	（1）向变电施工项目部下发《安全隐患整改通知单》，同时要求暂停三级 1、2 号配电箱的使用，组织制订全站所有施工低压电源箱用电安全检查计划，杜绝类似问题重复发生。 （2）对施工人员加强低压用电安全教育培训						
	治理完成情况	6 月 5 日项目部安全员配合电源箱管理员对全站所有施工低压电源箱用电安全检查和试验，符合《国家电网公司电力安全工作规程（电网建设部分）（试行）》3.5.4.1"配电箱应根据用电负荷状态装设短路、过载保护电器和剩余电流动作保护装置（漏电保护器），并定期检查和试验"的规定，申请验收销号						
	隐患治理计划资金（万元）		0.00		累计落实隐患治理资金（万元）			0.00
验收	验收申请单位	国网××公司	负责人	×××	签字日期			2018-6-7
	验收组织单位	国网××公司						
	验收意见	治理措施已按要求实施，符合《国家电网公司电力安全工作规程（电网建设部分）（试行）》3.5.4.1"配电箱应根据用电负荷状态装设短路、过载保护电器和剩余电流动作保护装置（漏电保护器），并定期检查和试验"的规定，同意注销						
	结论	验收合格，治理措施已按要求实施，同意注销			是否消除			是
	验收组长	×××			验收日期			2018-6-8

一般隐患排查治理档案表（2）

2018 年度 国网××公司

<table>
<tr><td rowspan="5">发现</td><td colspan="2">隐患简题</td><td colspan="4">国网××公司 4 月 13 日，110kV×××站 110 报警装置误发信号的安防隐患</td><td>隐患来源</td><td>日常巡视</td><td>隐患原因</td><td>设备设施隐患</td></tr>
<tr><td>隐患编号</td><td>国网××公司 2018××××</td><td>隐患所在单位</td><td colspan="2">变电运维工区</td><td>专业分类</td><td>变电</td><td>详细分类</td><td>安全设施/安全防护</td></tr>
<tr><td>发现人</td><td>×××</td><td>发现人单位</td><td colspan="2">×××运维班</td><td>发现日期</td><td colspan="3">2018-4-13</td></tr>
<tr><td>事故隐患内容</td><td colspan="8">国网××公司 110kV×××站装设的 110 报警装置因站内施工挖断北墙地下预埋信号线，导致报警装置频繁误发报警信号，装置不能正常运行，不能满足《国家电网公司变电运维管理规定（试行）》[国网（运检/3）828—2017] 中《第 26 分册 辅助设施运维细则》2.2.2 "防盗报警系统巡视 a) 例行巡视 1) 电子围栏报警主控制箱工作电源应正常，指示灯正常，无异常信号"的规定，当遇有真正外来人员非法进入时，无法第一时间准确判断，该站属无人值守变电站，易发生非法入侵人员进入站内对设备设施进行破坏或者偷盗活动，可能造成《国家电网公司安全事故调查规程（2017 修正版）》2.3.7.1 定义的"造成 10 万元以上 20 万元以下直接经济损失者"的七级设备事件</td></tr>
<tr><td>可能导致后果</td><td colspan="4">可能造成 110kV 变电站发生破坏盗窃产生经济损失的七级设备事件</td><td>归属职能部门</td><td colspan="3">运维检修</td></tr>
<tr><td rowspan="2">预评估</td><td>预评估等级</td><td rowspan="2">一般隐患</td><td>预评估负责人签名</td><td colspan="3">×××</td><td>预评估负责人签名日期</td><td colspan="2">2018-4-16</td></tr>
<tr><td></td><td>工区领导审核签名</td><td colspan="3">×××</td><td>工区领导审核签名日期</td><td colspan="2">2018-4-18</td></tr>
<tr><td rowspan="2">评估</td><td>评估等级</td><td rowspan="2">一般隐患</td><td>评估负责人签名</td><td colspan="3">×××</td><td>评估负责人签名日期</td><td colspan="2">2018-4-18</td></tr>
<tr><td></td><td>评估领导审核签名</td><td colspan="3">×××</td><td>评估领导审核签名日期</td><td colspan="2">2018-4-18</td></tr>
<tr><td rowspan="7">治理</td><td>治理责任单位</td><td colspan="4">变电运维工区</td><td>治理责任人</td><td colspan="3">×××</td></tr>
<tr><td>治理期限</td><td>自</td><td colspan="3">2018-4-18</td><td>至</td><td colspan="3">2018-5-30</td></tr>
<tr><td>是否计划项目</td><td colspan="4">是否完成计划外备案</td><td></td><td>计划编号</td><td colspan="2"></td></tr>
<tr><td>防控措施</td><td colspan="8">（1）×××运维班加强重点巡视，恢复人员值班。
（2）调控中心监控班通过视频监控加强对该站的夜间巡视，发现异常情况立即报警（电话 110）</td></tr>
<tr><td>治理完成情况</td><td colspan="8">5 月 18 日，变电运维室联系厂家，对 110kV×××站 110 报警装置进行维修、调试，测试合格，隐患治理完成，满足《国家电网公司变电运维管理规定（试行）》[国网（运检/3）828—2017] 中《第 26 分册 辅助设施运维细则》2.2.2 "防盗报警系统巡视 a) 例行巡视 1) 电子围栏报警主控制箱工作电源应正常，指示灯正常，无异常信号"的规定，申请验收销号</td></tr>
<tr><td colspan="2">隐患治理计划资金（万元）</td><td colspan="3">0.00</td><td>累计落实隐患治理资金（万元）</td><td colspan="2">0.00</td></tr>
<tr><td rowspan="5">验收</td><td>验收申请单位</td><td colspan="2">变电运维工区</td><td>负责人</td><td colspan="2">×××</td><td>签字日期</td><td colspan="2">2018-5-21</td></tr>
<tr><td>验收组织单位</td><td colspan="8">设备管理部</td></tr>
<tr><td>验收意见</td><td colspan="8">经验收，变电运维室已对 110kV×××站 110 报警装置进行维修处理，满足《国家电网公司变电运维管理规定（试行）》[国网（运检/3）828—2017] 中《第 26 分册 辅助设施运维细则》2.2.2 "防盗报警系统巡视 a) 例行巡视 1) 电子围栏报警主控制箱工作电源应正常，指示灯正常，无异常信号"的规定，隐患治理完成，验收合格</td></tr>
<tr><td>结论</td><td colspan="4">验收合格，治理措施已按要求实施，同意注销</td><td>是否消除</td><td colspan="3">是</td></tr>
<tr><td>验收组长</td><td colspan="4">×××</td><td>验收日期</td><td colspan="3">2018-5-22</td></tr>
</table>

2018 年度   国网××公司

发现	隐患简题	国网××公司 3 月 16 日，110kV×××站脉冲电网装置异常运行的变电站安防隐患			隐患来源	日常巡视	隐患原因	设备设施隐患
	隐患编号	国网××公司 2018××××	隐患所在单位	变电运维工区	专业分类	变电	详细分类	安全设施/安全防护
	发现人	×××	发现人单位	×××运维班	发现日期		2018-3-16	
	事故隐患内容	国网××公司 110kV×××站脉冲电网装置持续误报警，经查为站外树木在大风天气下摆动，搭接牵拉脉冲电网线，导致脉冲电网支杆倾倒，电网线接地无法正常运行，不满足《国家电网公司变电运维管理规定（试行）》[国网（运检/3）828—2017]中《第 26 分册　辅助设施运维细则》2.2.2 "防盗报警系统巡视 a）例行巡视 7）红外探测器或激光探测器工作区间无影响报警系统正常工作的异物"的规定，当遇有真正外来人员非法进入时，无法第一时间报警，该站属无人值守变电站，易发生非法入侵人员进入站内对设备设施进行破坏或者偷盗活动，可能造成《国家电网公司安全事故调查规程（2017 修正版）》2.3.7.1 定义的"造成 10 万元以上 20 万元以下直接经济损失者"的七级设备事件						
	可能导致后果	可能造成 110kV 变电站发生破坏盗窃产生经济损失的七级设备事件			归属职能部门		运维检修	
预评估	预评估等级	一般隐患	预评估负责人签名	×××	预评估负责人签名日期		2018-3-16	
			工区领导审核签名	×××	工区领导审核签名日期		2018-3-16	
评估	评估等级	一般隐患	评估负责人签名	×××	评估负责人签名日期		2018-3-16	
			评估领导审核签名	×××	评估领导审核签名日期		2018-3-17	
治理	治理责任单位	变电运维工区		治理责任人		×××		
	治理期限	自	2018-3-17	至		2018-4-30		
	是否计划项目		是否完成计划外备案			计划编号		
	防控措施	（1）变电运维室×××运维班加强变电站重点巡视。 （2）调控中心监控班通过视频监控加强对该站的夜间巡视，发现异常情况立即报警（电话 110）						
	治理完成情况	4 月 22 日，变电运维室×××和×××及厂家人员对 110kV×××站脉冲电网装置进行了维修，装置测试合格，使用正常，满足《国家电网公司变电运维管理规定（试行）》[国网（运检/3）828—2017]中《第 26 分册　辅助设施运维细则》2.2.2 "防盗报警系统巡视 a）例行巡视 7）红外探测器或激光探测器工作区间无影响报警系统正常工作的异物"的规定，申请验收销号						
	隐患治理计划资金（万元）		0.00	累计落实隐患治理资金（万元）			0.00	
验收	验收申请单位	变电运维工区	负责人	×××	签字日期		2018-4-24	
	验收组织单位	设备管理部						
	验收意见	经验收，变电运维室已对 110kV×××站脉冲电网装置进行维修处理，满足《国家电网公司变电运维管理规定（试行）》[国网（运检/3）828—2017]中《第 26 分册　辅助设施运维细则》2.2.2 "防盗报警系统巡视 a）例行巡视 7）红外探测器或激光探测器工作区间无影响报警系统正常工作的异物"的规定，隐患治理完成，验收合格						
	结论	验收合格，治理措施已按要求实施，同意注销			是否消除		是	
	验收组长	×××			验收日期		2018-4-24	

10.2.5 设备类/变压器类

一般隐患排查治理档案表（1）

2018 年度 国网××公司

<table>
<tr><td rowspan="6">发现</td><td>隐患简题</td><td colspan="3">国网××公司 6 月 11 号，35kV×××变电站 2 号主变压器油温不能上传隐患</td><td>隐患来源</td><td>日常巡视</td><td>隐患原因</td><td>设备设施隐患</td></tr>
<tr><td>隐患编号</td><td>国网××公司
2018××××</td><td>隐患所在单位</td><td>×××运检分部</td><td>专业分类</td><td>变电</td><td>详细分类</td><td>设备类/
变压器类</td></tr>
<tr><td>发现人</td><td>×××</td><td>发现人单位</td><td>变电检修一班</td><td>发现日期</td><td colspan="3">2018-6-11</td></tr>
<tr><td>事故隐患内容</td><td colspan="7">35kV×××变电站 2 号主变压器油温不能上传至主变压器保护屏和后台，不满足 DL/T 572—2010《电力变压器运行规程》规定的"1000kVA 及以上的油浸式变压器、800kVA 及以上的油浸式和 630kVA 及以上的干式厂用变压器，应将信号温度计接远方信号"的要求。变压器温度过高时易导致变压器绝缘击穿或绕组热点温度达到危险的程度。可能造成《国家电网公司安全事故调查规程（2017 修正版）》2.3.7.2 定义的"35kV 以上 110kV 以下主变压器、换流变压器、平波电抗器发生本体爆炸、主绝缘击穿"的七级设备事件</td></tr>
<tr><td>可能导致后果</td><td colspan="3">可能造成 35kV 以上 110kV 以下主变压器、换流变压器、平波电抗器发生本体爆炸、主绝缘击穿的七级设备事件</td><td>归属职能部门</td><td colspan="3">运维检修</td></tr>
<tr><td colspan="8"></td></tr>
<tr><td rowspan="2">预评估</td><td rowspan="2">预评估等级</td><td rowspan="2" colspan="3">一般隐患</td><td>预评估负责人签名</td><td colspan="3">×××</td></tr>
<tr><td>预评估负责人签名日期</td><td colspan="3">2018-6-11</td></tr>
<tr><td rowspan="2"></td><td rowspan="2"></td><td rowspan="2" colspan="3"></td><td>工区领导审核签名</td><td colspan="3">×××</td></tr>
<tr><td>工区领导审核签名日期</td><td colspan="3">2018-6-11</td></tr>
<tr><td rowspan="2">评估</td><td rowspan="2">评估等级</td><td rowspan="2" colspan="3">一般隐患</td><td>评估负责人签名</td><td colspan="3">×××</td></tr>
<tr><td>评估负责人签名日期</td><td colspan="3">2018-6-11</td></tr>
<tr><td rowspan="2"></td><td rowspan="2"></td><td rowspan="2" colspan="3"></td><td>评估领导审核签名</td><td colspan="3">×××</td></tr>
<tr><td>评估领导审核签名日期</td><td colspan="3">2018-6-11</td></tr>
<tr><td rowspan="7">治理</td><td>治理责任单位</td><td colspan="3">×××运检分部</td><td>治理责任人</td><td colspan="3">×××</td></tr>
<tr><td>治理期限</td><td>自</td><td colspan="2">2018-6-11</td><td>至</td><td colspan="3">2018-9-30</td></tr>
<tr><td>是否计划项目</td><td colspan="4">是否完成计划外备案</td><td>计划编号</td><td colspan="2"></td></tr>
<tr><td>防控措施</td><td colspan="7">（1）×××运检分部×××运维班加强该主变压器的巡视工作，尤其是变压器的温度和负荷监视。
（2）结合停电机会，将该台主变压器的温度计更换，并将油温上传至后台和远方</td></tr>
<tr><td>治理完成情况</td><td colspan="7">2018 年 6 月 20 日，已结合停电机会，将该台主变压器的温度计更换，并检查核对已将油温数值正确上传至后台和远方，满足 DL/T 572—2010《电力变压器运行规程》规定的"1000kVA 及以上的油浸式变压器、800kVA 及以上的油浸式和 630kVA 及以上的干式厂用变压器，应将信号温度计接远方信号"的要求，申请验收销号</td></tr>
<tr><td>隐患治理计划资金（万元）</td><td colspan="3">0.00</td><td>累计落实隐患治理资金（万元）</td><td colspan="3">0.00</td></tr>
<tr><td colspan="7"></td></tr>
<tr><td rowspan="5">验收</td><td>验收申请单位</td><td>国网××公司</td><td>负责人</td><td>×××</td><td>签字日期</td><td colspan="3">2018-6-20</td></tr>
<tr><td>验收组织单位</td><td colspan="7">国网××公司</td></tr>
<tr><td>验收意见</td><td colspan="7">整改措施已落实，满足 DL/T 572—2010《电力变压器运行规程》规定的"1000kVA 及以上的油浸式变压器、800kVA 及以上的油浸式和 630kVA 及以上的干式厂用变压器，应将信号温度计接远方信号"的要求，隐患已消除</td></tr>
<tr><td>结论</td><td colspan="3">验收合格，治理措施已按要求实施，同意注销</td><td>是否消除</td><td colspan="3">是</td></tr>
<tr><td>验收组长</td><td colspan="3">×××</td><td>验收日期</td><td colspan="3">2018-6-20</td></tr>
</table>

2018 年度   国网××公司

	隐患简题	国网××公司 3 月 30 日，35kV×××变电站 2 号主变压器渗漏油安全隐患		隐患来源	日常巡视	隐患原因	设备设施隐患
发现	隐患编号	国网××公司/国网××公司 2018××××	隐患所在单位	国网××公司	专业分类	变电	详细分类	设备类/变压器类
	发现人	×××	发现人单位	变电运维班	发现日期	2018-3-30	
	事故隐患内容	35kV×××变电站 2 号主变压器，型号 SZ11-10000/35，出厂日期为 2014 年 4 月 25 日，投运日期为 2014 年 5 月 7 日，由于瓦斯密封圈密封不严出现渗漏油现象，不满足《国家电网公司变电运维管理规定（试行）》[国网（运检/3）828—2017]中《第 1 分册 油浸式变压器（电抗器）运维细则》2.1.1.1 "本体及套管 b）各部位无渗油、漏油"的规定。长期漏油易造成主变压器跳闸，被迫停运损失负荷，短时间内难以修复，可能造成《国家电网公司安全事故调查规程（2017 修正版）》2.3.7.2 定义的"35kV 以上输变电主设备被迫停运，时间超过 24 小时"的七级设备事件					
	可能导致后果	可能造成 35kV 变电设备停运的七级设备事件		归属职能部门		运维检修	
预评估	预评估等级	一般隐患	预评估负责人签名	×××	预评估负责人签名日期	2018-3-30	
			工区领导审核签名	×××	工区领导审核签名日期	2018-3-30	
评估	评估等级	一般隐患	评估负责人签名	×××	评估负责人签名日期	2018-3-30	
			评估领导审核签名	×××	评估领导审核签名日期	2018-3-30	
治理	治理责任单位	国网××公司		治理责任人		×××	
	治理期限	自	2018-3-30	至		2018-6-30	
	是否计划项目		是否完成计划外备案			计划编号	
	防控措施	（1）组织运维人员对 2 号主变压器每日巡视至少 1 次，记录漏油部位情况，如果出现严重漏油现象，及时进行上报并进行处理。 （2）与调控部门协调，进行转移负荷处理，尽可能减少 2 号主变压器承担负荷，降低主变压器温度，减小内部压力，同时降低发生事故时的负荷损失 （3）做好应急人员、车辆及备品备件的准备工作，一旦发生故障立即组织抢修，恢复供电					
	治理完成情况	2018 年 4 月 23 日，对 35kV×××变电站 2 号主变压器渗漏油部位密封不严的密封圈进行更换，满足《国家电网公司变电运维管理规定（试行）》[国网（运检/3）828—2017]中《第 1 分册 油浸式变压器（电抗器）运维细则》2.1.1.1 "本体及套管 b）各部位无渗油、漏油"的规定，隐患治理完成，申请验收销号					
	隐患治理计划资金（万元）		0.00	累计落实隐患治理资金（万元）		0.00	
验收	验收申请单位	国网××公司	负责人	×××	签字日期	2018-4-23	
	验收组织单位	设备管理部					
	验收意见	经验收，已对 35kV×××变电站 2 号主变压器渗漏油部位密封不严的密封圈进行了更换，满足《国家电网公司变电运维管理规定（试行）》[国网（运检/3）828—2017]中《第 1 分册 油浸式变压器（电抗器）运维细则》2.1.1.1 "本体及套管 b）各部位无渗油、漏油"的规定，隐患已治理完成					
	结论	验收合格，治理措施已按要求实施，同意注销		是否消除		是	
	验收组长	×××		验收日期		2018-4-23	

10.2.6 设备类/隔离开关（刀闸）设备

一般隐患排查治理档案表（1）

2018 年度 国网××公司

发现	隐患简题	国网××公司4月28日，500kV×××变电站35kV2号电容器3822断路器老化安全隐患			隐患来源	日常巡视	隐患原因	设备设施隐患
	隐患编号	国网××公司2018××××	隐患所在单位	变电检修中心	专业分类	变电	详细分类	设备类/隔离开关（刀闸）设备
	发现人	×××	发现人单位	变电检修一班	发现日期		2018-4-28	
	事故隐患内容	500kV×××变电站35kV2号电容器3822断路器，2006年出厂，2006年投运，至今已运行12年。断路器动作次数已经达到厂家技术要求。如断路器动作次数达到厂家技术要求，可能会造成一次导电回路发热，导致设备放电，可能造成《国家电网公司安全事故调查规程（2017修正版）》2.2.7.1定义的"35kV以上输变电设备异常运行或被迫停止运行，并造成减供负荷者"的七级电网事件						
	可能导致后果	可能造成"35kV以上输变电设备异常运行或被迫停止运行，并造成减供负荷者"的七级电网事件			归属职能部门		运维检修	
预评估	预评估等级	一般隐患	预评估负责人签名	×××	预评估负责人签名日期		2018-5-4	
			工区领导审核签名	×××	工区领导审核签名日期		2018-5-8	
评估	评估等级	一般隐患	评估负责人签名	×××	评估负责人签名日期		2018-5-8	
			评估领导审核签名	×××	评估领导审核签名日期		2018-5-8	
治理	治理责任单位	变电检修中心			治理责任人		×××	
	治理期限	自	2018-4-28	至		2018-6-30		
	是否计划项目	是	是否完成计划外备案			计划编号		
	防控措施	（1）加强专业特巡，每个月进行一次专业特巡，每个月进行一次红外测试及SF₆气体组分测试，发现异常及时上报。（2）设备整体更换前将该间隔AVC退出运行						
	治理完成情况	2018年6月1日，将原西门子3AQ1EG断路器更换为新的西门子3AP1-FG弹簧机构断路器，可满足电网运行需求。此断路器放电安全隐患治理完成，申请验收销号						
	隐患治理计划资金（万元）	25.60			累计落实隐患治理资金（万元）		0.00	
验收	验收申请单位	变电检修一班	负责人	×××	签字日期		2018-6-1	
	验收组织单位	变电检修中心						
	验收意见	将原西门子3AQ1EG断路器更换为新的西门子3AP1-FG弹簧机构断路器，可满足电网运行需求。此断路器放电安全隐患治理完成						
	结论	验收合格，治理措施已按要求实施，同意注销			是否消除		是	
	验收组长	×××			验收日期		2018-6-5	

发现	隐患简题	国网××公司 3 月 16 日，110kV×××变电站×××线 GIS 间隔汇控柜内驱潮设备无法工作的安全隐患		隐患来源	日常巡视	隐患原因	设备设施隐患
	隐患编号	国网××供电公司 2018××××	隐患所在单位	变电运维工区	专业分类	变电	详细分类	设备类/隔离开关（刀闸）设备
	发现人	×××	发现人单位	×××运维班	发现日期		2018-3-16
	事故隐患内容	国网××公司 110kV×××变电站×××线 GIS 间隔汇控柜内驱潮设备无法正常工作，不符合《国家电网公司变电运维管理规定（试行）》[国网（运检/3）828—2017] 中《第 3 分册　组合电器运维细则》3.1.3"驱潮防潮装置应长期投入，在雨季来临之前进行一次全面检查，发现缺陷及时处理"的规定，当前即将进入春夏交替季节，雨季渐多，汇控柜内易汇聚潮气，因驱潮装置无法工作而形成凝露，可能引发二次回路短路，造成断路器误动、拒动，可能构成《国家电网公司安全事故调查规程（2017 修正版）》2.2.7.1 定义的"35kV 以上输变电设备异常运行或被迫停止运行，并造成减供负荷者"的七级电网事件					
	可能导致后果	可能造成减供负荷的七级电网事件			归属职能部门		运维检修
预评估	预评估等级	一般隐患	预评估负责人签名	×××	预评估负责人签名日期		2018-3-16
			工区领导审核签名	×××	工区领导审核签名日期		2018-3-16
评估	评估等级	一般隐患	评估负责人签名	×××	评估负责人签名日期		2018-3-16
			评估领导审核签名	×××	评估领导审核签名日期		2018-3-19
治理	治理责任单位	检修试验工区		治理责任人		×××	
	治理期限	自	2018-3-16	至		2018-4-12	
	是否计划项目		是否完成计划外备案		计划编号		
	防控措施	（1）检查完善柜内电缆入口封堵情况，确保电缆沟内潮气不向上进入汇控柜内。 （2）临时增加柜内吸潮颗粒，并报检修工区进行检查维修。 （3）日常巡视时，定期检查吸潮颗粒状态，并进行更换					
	治理完成情况	检修试验工区按照工作计划，3 月 23 日组织对 110kV×××变电站×××线 GIS 间隔汇控柜内驱潮设备进行更换，更换后满足规程技术要求，符合《国家电网公司变电运维管理规定（试行）》[国网（运检/3）828—2017] 中《第 3 分册　组合电器运维细则》3.1.3"驱潮防潮装置应长期投入，在雨季来临之前进行一次全面检查，发现缺陷及时处理"的规定，申请验收销号					
	隐患治理计划资金（万元）		0.00	累计落实隐患治理资金（万元）			0.00
验收	验收申请单位	国网××公司	负责人	×××	签字日期		2018-3-23
	验收组织单位	设备管理部					
	验收意见	3 月 26 日，设备管理部组织对国网××公司 2018××××隐患治理情况进行验收，治理情况符合技术规程要求，符合《国家电网公司变电运维管理规定（试行）》[国网（运检/3）828—2017] 中《第 3 分册　组合电器运维细则》3.1.3"驱潮防潮装置应长期投入，在雨季来临之前进行一次全面检查，发现缺陷及时处理"的规定，隐患已消除					
	结论	验收合格，治理措施已按要求实施，同意注销		是否消除		是	
	验收组长		×××	验收日期		2018-3-26	

10.2.7 设备类/"五防"装置

一般隐患排查治理档案表

2018 年度 国网××公司

发现	隐患简题	国网××公司 1 月 25 日，35kV×××变电站主变压器 10kV 侧接地桩头无防误闭锁隐患		隐患来源	防误闭锁	隐患原因	设备设施隐患
	隐患编号	国网××公司/国网××公司 2018××××	隐患所在单位	国网××公司	专业分类	变电	详细分类	设备类/"五防"装置
	发现人	×××	发现人单位	检修建设工区	发现日期		2018-1-25
	事故隐患内容	国网××公司 35kV×××变电站主变压器 10kV 侧接地桩头无防误闭锁，违反《国家电网有限公司防止电气误操作安全管理规定》(国家电网安监〔2018〕1119 号) 3.1.2.7"电气设备应有完善的防止电气误操作闭锁装置"的要求。在进行隔离开关(刀闸)操作或事故处理时，易造成误操作事故，可能造成《国家电网公司安全事故调查规程(2017 修正版)》2.3.5.3 定义的"带负荷误拉(合)隔离开关、带电挂(合)接地线(接地开关)、带接地线(接地开关)合断路器(隔离开关)"的五级设备事件					
	可能导致后果	可能造成五级设备事件			归属职能部门		运维检修
预评估	预评估等级	一般隐患	预评估负责人签名	×××	预评估负责人签名日期		2018-1-26
			工区领导审核签名	×××	工区领导审核签名日期		2018-1-26
评估	评估等级	一般隐患	评估负责人签名	×××	评估负责人签名日期		2018-1-29
			评估领导审核签名	×××	评估领导审核签名日期		2018-1-31
治理	治理责任单位	检修建设工区		治理责任人		×××	
	治理期限	自	2018-1-26	至		2018-4-9	
	是否计划项目		是否完成计划外备案		计划编号		
	防控措施	(1) 检修时必须记清接地线数目，在没有"五防"的接地线设标记。 (2) 列入计划对"五防"进行改造						
	治理完成情况	根据《国家电网有限公司防止电气误操作安全管理规定》(国家电网安监〔2018〕1119 号) 3.1.2.7"电气设备应有完善的防止电气误操作闭锁装置"的要求，3 月 1 日对 35kV×××变电站主变压器 10kV 侧接地桩头无防误闭锁进行治理，现已完成治理，申请验收销号						
	隐患治理计划资金(万元)		0.00	累计落实隐患治理资金(万元)			0.00
验收	验收申请单位	国网××公司	负责人	×××	签字日期		2018-3-1
	验收组织单位	设备管理部					
	验收意见	经验收，整改措施已落实，满足《国家电网有限公司防止电气误操作安全管理规定》(国家电网安监〔2018〕1119 号) 3.1.2.7"电气设备应有完善的防止电气误操作闭锁装置"的要求。安全隐患治理完成						
	结论	验收合格，治理措施已按要求实施，同意注销		是否消除		是	
	验收组长		×××	验收日期		2018-3-6	

10.2.8　设备类/直流系统

2018 年度　　　　　　　　　　　　　　　　　　　　　　　　　　　　　　　　　国网××公司

	项目							
发现	隐患简题	国网××公司 3 月 11 日，110kV×××变电站 1 号蓄电池容量降低的设备停运隐患			隐患来源	日常巡视	隐患原因	设备设施隐患
	隐患编号	国网××公司 2018 ××××	隐患所在单位	检修试验工区	专业分类	变电	详细分类	设备类/直流系统
	发现人	×××	发现人单位	二次检修七班	发现日期			2018-3-11
	事故隐患内容	国网××公司 110kV×××变电站 1 号蓄电池组，型号 GFMD-200，2008 年 12 月投运，蓄电组为伐控密封免维护式，目前发现 1 号蓄电池组容量不足 80％，不满足《国家电网公司变电运维管理规定（试行）》〔国网（运检/3）828—2017〕中《第 24 分册　站用直流电源系统运维细则》3.1.2"两组阀控蓄电池组 d）若经过三次全核对性放充电，蓄电池组容量均达不到其额定容量的 80％以上，则应安排更换"的要求。蓄电池长期使用，在特殊运行方式下极易导致 110kV×××变电站站用直流全部失电，可能造成《国家电网公司安全事故调查规程（2017 修正版）》2.3.7.2 定义的"110kV（含 66kV）变电站站用直流全部失电"的七级设备事件						
	可能导致后果	可能造成 110kV 变电站站用直流失电的七级设备事件			归属职能部门			运维检修
预评估	预评估等级	一般隐患		预评估负责人签名	×××	预评估负责人签名日期		2018-3-12
				工区领导审核签名	×××	工区领导审核签名日期		2018-3-13
评估	评估等级	一般隐患		评估负责人签名	×××	评估负责人签名日期		2018-3-13
				评估领导审核签名	×××	评估领导审核签名日期		2018-3-15
治理	治理责任单位	检修试验工区			治理责任人			×××
	治理期限	自	2018-3-17		至			2018-6-30
	是否计划项目		是否完成计划外备案				计划编号	
	防控措施	（1）变电运维室对设备加强巡视工作，密切关注设备运行状态，按期测量蓄电池电压。 （2）变电检修室及时上报计划，对蓄电池组进行更换。 （3）变电检修室二次检修七班在设备更换前加强设备巡检，出现电池故障时紧急消缺						
	治理完成情况	在发现 110kV×××站 1 号蓄电池容量不足后，变电检修室立即组织相关专责及责任班组对现场进行勘察，并积极联系相关设备厂家。变电检修室配合相关工作计划安排二次检修七班对×××变电站蓄电池进行更换。5 月 4 日，二次检修×班完成对×××站蓄电池的更换工作，现×××变电站运行设备为 GFMD-200 型蓄电池，申请验收销号						
	隐患治理计划资金（万元）		0.00		累计落实隐患治理资金（万元）			0.00
验收	验收申请单位	检修试验工区		负责人	×××	签字日期		2018-5-5
	验收组织单位	设备管理部						
	验收意见	经验收，变电检修室已协调厂家，对 110kV×××变电站 1 号蓄电池进行更换处理，满足《国家电网公司变电运维管理规定（试行）》〔国网（运检/3）828—2017〕中《第 24 分册　站用直流电源系统运维细则》3.1.2"两组阀控蓄电池组 d）若经过三次全核对性放充电，蓄电池组容量均达不到其额定容量的 80％以上，则应安排更换"的要求，隐患治理完成，验收合格						
	结论	验收合格，治理措施已按要求实施，同意注销			是否消除			是
	验收组长	×××			验收日期			2018-5-7

一般隐患排查治理档案表（2）

发现	隐患简题	国网××公司 2 月 1 日，110kV×××变电站蓄电池漏液容量降低的设备停运隐患		隐患来源	日常巡视	隐患原因	设备设施隐患
	隐患编号	国网××公司 2018 ××××	隐患所在单位	检修试验工区	专业分类	变电	详细分类	设备类/直流系统
	发现人	×××	发现人单位	变电检修七班	发现日期		2018-2-1	
	事故隐患内容	国网××公司 110kV×××变电站蓄电池组，型号为 GFM-200，2014 年 9 月投运，蓄电池为伐控密封免维护式，目前发现多只蓄电池漏液严重，外体锈蚀，容量严重不足 80%，不满足《国家电网公司变电运维管理规定（试行）》[国网（运检/3）828—2017]中《第 20 分册 接地装置运维细则》2.1.1.3"蓄电池壳体无渗漏、变形，连接条无腐蚀、松动，构架、护管接地良好"的要求。蓄电池长期使用，在特殊运行方式下极易导致 110kV 填池变电站站用直流全部失电，可能造成《国家电网公司安全事故调查规程（2017 修正版）》2.3.7.2 定义的"110kV（含 66kV）变电站站用直流全部失电"的七级设备事件						
	可能导致后果	可能造成 110kV 变电站站用直流失电的七级设备事件			归属职能部门		运维检修	
预评估	预评估等级	一般隐患		预评估负责人签名	×××	预评估负责人签名日期	2018-2-2	
				工区领导审核签名	×××	工区领导审核签名日期	2018-2-2	
评估	评估等级	一般隐患		评估负责人签名	×××	评估负责人签名日期	2018-2-2	
				评估领导审核签名	×××	评估领导审核签名日期	2018-2-2	
治理	治理责任单位	检修试验工区		治理责任人		×××		
	治理期限	自	2018-2-2	至		2018-5-31		
	是否计划项目		是否完成计划外备案			计划编号		
	防控措施	（1）变电运维室对设备加强巡视工作，密切关注设备运行状态，按期测量蓄电池电压。 （2）变电检修室及时上报计划，对蓄电池组进行更换。 （3）变电检修室二次检修七班在设备更换前加强设备巡检，出现电池故障时紧急消缺						
	治理完成情况	在发现 110kV×××变电站蓄电池漏液容量不足后，变电检修室立即组织相关专责及责任班组对现场进行勘察，并积极联系相关设备厂家。变电检修室配合相关工作计划安排二次检修七班对填池站蓄电池进行更换。4 月 20 日，二次检修七班完成对填池站蓄电池的更换工作，现×××变电站运行设备为 GFMD-200 型蓄电池，申请验收销号						
	隐患治理计划资金（万元）		0.00		累计落实隐患治理资金（万元）		0.00	
验收	验收申请单位	检修试验工区		负责人	×××	签字日期	2018-4-23	
	验收组织单位	设备管理部						
	验收意见	经验收，变电检修室已协调厂家，对 110kV×××变电站蓄电池进行更换处理，满足《国家电网公司变电运维管理规定（试行）》[国网（运检/3）828—2017]中《第 20 分册 接地装置运维细则》2.1.1.3"蓄电池壳体无渗漏、变形，连接条无腐蚀、松动，构架、护管接地良好"的要求，隐患治理完成，验收合格						
	结论	验收合格，治理措施已按要求实施，同意注销			是否消除		是	
	验收组长		×××		验收日期		2018-4-25	

10.2.9 设备类/其他

一般隐患排查治理档案表

2018 年度　　　　　　　　　　　　　　　　　　　　　　　　　　　　　　　　　　　　国网××公司

发现	隐患简题	国网××公司 6 月 3 日，35kV×××变电站 C52 电容器未喷涂 PRTV 隐患			隐患来源	日常巡视	隐患原因	设备设施隐患
	隐患编号	国网××公司 2018 ××××	隐患所在单位	×××运检分部	专业分类	变电	详细分类	设备类/其他
	发现人	×××	发现人单位	×××运检分部	发现日期		2018-6-3	
	事故隐患内容	35kV×××变电站 C52 电容器未喷涂 PRTV，违反了《国家电网有限公司十八项电网重大反事故措施（2018 年修订版）及编制说明》7.1.1 "新、改（扩）建输变电设备的外绝缘配置应以最新版污区分布图为基础，综合考虑附近的环境、气象、污秽发展和运行经验等因素确定。线路设计时，交流 c 级以下污区外绝缘按 c 级配置；c、d 级污区按照上限配置；e 级污区可按照实际情况配置，并适当留有裕度。变电站设计时，c 级以下污区外绝缘按 c 级配置；c、d 级污区可根据环境情况适当提高配置；e 级污区可按照实际情况配置"的相关要求。可能造成《国家电网公司安全事故调查规程（2017 修正版）》2.3.7.2 定义的"35kV 以上输变电主设备被迫停运，时间超过 24 小时"的七级设备事件						
	可能导致后果	可能造成七级设备事件			归属职能部门		运维检修	
预评估	预评估等级	一般隐患	预评估负责人签名	×××	预评估负责人签名日期		2018-6-3	
			工区领导审核签名	×××	工区领导审核签名日期		2018-6-3	
评估	评估等级	一般隐患	评估负责人签名	×××	评估负责人签名日期		2018-6-4	
			评估领导审核签名	×××	评估领导审核签名日期		2018-6-4	
治理	治理责任单位	×××运检分部		治理责任人	×××			
	治理期限	自	2018-6-4	至	2018-7-31			
	是否计划项目		是否完成计划外备案			计划编号		
	防控措施	（1）×××运检分部加强该设备的巡视工作，尤其是遮栏是否严密并加锁。（2）结合停电机会，对该设备喷涂 PRTV						
	治理完成情况	6 月 11 日已结合停电机会，对该设备喷涂 PRTV，35kV×××变电站 C52 电容器未喷涂 PRTV 安全隐患治理完成，满足《国家电网有限公司十八项电网重大反事故措施（2018 年修订版）及编制说明》7.1.1 "新、改（扩）建输变电设备的外绝缘配置应以最新版污区分布图为基础，综合考虑附近的环境、气象、污秽发展和运行经验等因素确定。线路设计时，交流 c 级以下污区外绝缘按 c 级配置；c、d 级污区按照上限配置；e 级污区可按照实际情况配置，并适当留有裕度。变电站设计时，c 级以下污区外绝缘按 c 级配置；c、d 级污区可根据环境情况适当提高配置；e 级污区可按照实际情况配置"的相关要求。申请验收销号						
	隐患治理计划资金（万元）	0.00			累计落实隐患治理资金（万元）		0.00	
验收	验收申请单位	×××运检分部	负责人	×××	签字日期		2018-6-11	
	验收组织单位	国网××公司						
	验收意见	整改措施已落实，满足《国家电网有限公司十八项电网重大反事故措施（2018 年修订版）及编制说明》7.1.1 "新、改（扩）建输变电设备的外绝缘配置应以最新版污区分布图为基础，综合考虑附近的环境、气象、污秽发展和运行经验等因素确定。线路设计时，交流 c 级以下污区外绝缘按 c 级配置；c、d 级污区按照上限配置；e 级污区可按照实际情况配置，并适当留有裕度。变电站设计时，c 级以下污区外绝缘按 c 级配置；c、d 级污区可根据环境情况适当提高配置；e 级污区可按照实际情况配置"的相关要求。隐患已消除						
	结论	验收合格，治理措施已按要求实施，同意注销			是否消除		是	
	验收组长	×××			验收日期		2018-6-11	

55

10.2.10 设计类/开关设备

一般隐患排查治理档案表

发现	隐患简题	国网××公司 4 月 13 日，35kV×××变电站 312-5 隔离开关（刀闸）操动机构卡涩隐患			隐患来源	安全检查	隐患原因	设备设施隐患
	隐患编号	国网××公司/国网××公司 2018××××	隐患所在单位	国网××公司	专业分类	变电	详细分类	设计类/开关设备
	发现人	×××	发现人单位	检修试验班	发现日期			2018-4-13
	事故隐患内容	国网××公司 35kV×××变电站 312-5 隔离开关（刀闸）投运于 2009 年，因是 35kVⅡ段母线线路侧隔离开关（刀闸），平时操作极少，长时间受外部环境影响，且维护不及时，隔离开关（刀闸）操动机构出现大量锈斑并出现机构卡涩现象，不满足《防止电力生产事故的二十五项重点要求》（国能安全〔2014〕161 号）13.2.7"加强对隔离开关导电部分、转动部分、操动机构、瓷绝缘子等的检查，防止机械卡涩、触头过热、绝缘子断裂等故障的发生"的规定。如果出现事故停电，隔离开关（刀闸）无法进行操作，可能造成《国家电网公司安全事故调查规程（2017 修正版）》2.2.7.1 定义的"35kV 以上输变电设备异常运行或被迫停止运行，并造成减供负荷者"的七级电网事件						
	可能导致后果	可能造成七级电网事件			归属职能部门			运维检修
预评估	预评估等级	一般隐患	预评估负责人签名	×××	预评估负责人签名日期			2018-4-13
			工区领导审核签名	×××	工区领导审核签名日期			2018-4-13
评估	评估等级	一般隐患	评估负责人签名	×××	评估负责人签名日期			2018-4-13
			评估领导审核签名	×××	评估领导审核签名日期			2018-4-13
治理	治理责任单位	国网××公司		治理责任人			×××	
	治理期限	自	2018-4-13	至			2018-5-31	
	是否计划项目		是否完成计划外备案			计划编号		
	防控措施	（1）运行维护人员加强设备巡视。 （2）上报调度，做好事故措施处置方案。 （3）运维管理部门安排计划，及时对隔离开关（刀闸）进行大修						
	治理完成情况	变电检修班已于 2018 年 4 月 14 日完成对 35kV×××变电站 312-5 隔离开关（刀闸）更换，满足《防止电力生产事故的二十五项重点要求》（国能安全〔2014〕161 号）13.2.7"加强对隔离开关导电部分、转动部分、操动机构、瓷绝缘子等的检查，防止机械卡涩、触头过热、绝缘子断裂等故障的发生"的规定，申请验收销号						
	隐患治理计划资金（万元）		0.50		累计落实隐患治理资金（万元）			0.00
验收	验收申请单位	国网××公司	负责人	×××	签字日期			2018-4-17
	验收组织单位	国网××公司						
	验收意见	经验收，满足《防止电力生产事故的二十五项重点要求》（国能安全〔2014〕161 号）13.2.7"加强对隔离开关导电部分、转动部分、操动机构、瓷绝缘子等的检查，防止机械卡涩、触头过热、绝缘子断裂等故障的发生"的规定，隐患消除						
	结论	验收合格，治理措施已按要求实施，同意注销			是否消除			是
	验收组长		×××		验收日期			2018-4-17

10.2.11 基础施工

一般隐患排查治理档案表

2018 年度 国网××公司

发现	隐患简题	国网××公司 5 月 21 日，110kV×××变电站搅拌机电源箱 PE线颜色错误隐患			隐患来源	安全检查	隐患原因	人身安全隐患
	隐患编号	国网××公司2018××××	隐患所在单位	国网××公司	专业分类	变电	详细分类	基础施工
	发现人	×××	发现人单位	国网××公司	发现日期			2018-5-21
	事故隐患内容	国网××公司 110kV×××变电站施工中，搅拌机电源箱 PE 颜色不是绿/黄双色线，容易导致操作人员误碰电源线，造成触电伤人事故，不符合 DL 5009.3—2013《电力建设安全工作规程　第 3 部分：变电站》3.2.31"相线、N 线、PE 线的颜色标记必须符合以下规定：PE 线的绝缘颜色为绿/黄双色。任何情况上上述颜色标记严禁混用和互相代用"的规定，可能造成《国家电网公司安全事故调查规程（2017 修正版）》2.1.2.8定义的"无人员死亡和重伤，但造成 1~2 人轻伤者"的八级人身事件						
	可能导致后果	可能造成八级人身事件			归属职能部门			多产
预评估	预评估等级	一般隐患	预评估负责人签名	×××	预评估负责人签名日期			2018-5-21
			工区领导审核签名	×××	工区领导审核签名日期			2018-5-21
评估	评估等级	一般隐患	评估负责人签名	×××	评估负责人签名日期			2018-5-22
			评估领导审核签名	×××	评估领导审核签名日期			2018-5-22
治理	治理责任单位	国网××公司		治理责任人				×××
	治理期限	自	2018-5-22	至			2018-7-11	
	是否计划项目		是否完成计划外备案			计划编号		
	防控措施	暂停施工，严格按规范要求搅拌机工作暂停，制订隐患消除计划						
	治理完成情况	6 月 7 日，国网××公司并将 PE 线更换为绿/黄双色线，现场满足 DL 5009.3—2013《电力建设安全工作规程　第 3 部分：变电站》3.2.31"相线、N 线、PE 线的颜色标记必须符合以下规定：PE 线的绝缘颜色为绿/黄双色。任何情况上上述颜色标记严禁混用和互相代用"的规定，申请验收销号						
	隐患治理计划资金（万元）		0.00		累计落实隐患治理资金（万元）			0.00
验收	验收申请单位	国网××公司	负责人	×××	签字日期			2018-6-7
	验收组织单位	设备管理部						
	验收意见	治理措施已按要求实施，符合 DL 5009.3—2013《电力建设安全工作规程第 3 部分：变电站》3.2.31"相线、N 线、PE 线的颜色标记必须符合以下规定：PE 线的绝缘颜色为绿/黄双色。任何情况上上述颜色标记严禁混用和互相代用"的规定，验收合格，同意注销						
	结论	验收合格，治理措施已按要求实施，同意注销			是否消除			是
	验收组长		×××		验收日期			2018-6-8

10.3 配电

10.3.1 安全标识

一般隐患排查治理档案表

2018 年度   国网××公司

发现	隐患简题	国网××公司 6 月 20 日，10kV×××线路×××台区警示牌缺失的安全隐患			隐患来源	日常巡视	隐患原因	人身安全隐患
	隐患编号	国网××公司/国网××公司 2018××××	隐患所在单位	国网××公司	专业分类	配电	详细分类	安全标识
	发现人	×××	发现人单位	×××供电所	发现日期		2018-6-20	
	事故隐患内容	10kV×××线路×××台区"禁止攀登，高压危险"警示牌丢失，不满足 SD 292—1988《架空配电线路及设备运行规程》7.3.5"配电站（包括箱式）和变压器应有警告牌"的规定，由于该变台位于闹市区路旁，人员及车辆来往频繁，有可能因人员误爬带电变台发生人身触电，可能造成《国家电网公司安全事故调查规程（2017 修正版）》2.1.2.8 条定义的"无人员死亡和重伤，但造成 1～2 人轻伤者"的八级人身事件						
	可能导致后果	可能造成人员触电伤害的八级人身事件			归属职能部门		运维检修	
预评估	预评估等级	一般隐患	预评估负责人签名	×××	预评估负责人签名日期		2018-6-20	
			工区领导审核签名	×××	工区领导审核签名日期		2018-6-20	
评估	评估等级	一般隐患	评估负责人签名	×××	评估负责人签名日期		2018-6-20	
			评估领导审核签名	×××	评估领导审核签名日期		2018-6-20	
治理	治理责任单位	×××供电所		治理责任人		×××		
	治理期限	自	2018-6-20	至		2018-9-20		
	是否计划项目		是否完成计划外备案			计划编号		
	防控措施	(1) 在配变上装设"高压危险，禁止攀登"临时警示牌，在台区电杆面向行人侧粘贴警示标识牌和标语。 (2) 每周增加一次巡视，发现危险行为立即制止。 (3) 结合日常安全用电宣传工作，告知周围人员切勿靠近，并做好人身触电应急处理措施						
	治理完成情况	6 月 26 日，×××供电所组织人员对该台区配变加装"禁止攀登，高压危险"警示牌，工作完成后，满足 SD 292—1988《架空配电线路及设备运行规程》7.3.5"配电站（包括箱式）和变压器应有警告牌"的规定，台区各警示标识设置符合安全技术要求						
	隐患治理计划资金（万元）		0.00		累计落实隐患治理资金（万元）		0.00	
验收	验收申请单位	国网××公司	负责人	×××	签字日期		2018-6-26	
	验收组织单位	设备管理部						
	验收意见	经验收，该台区已悬挂"禁止攀登，高压危险"警示牌，台区各警示标识设置满足"配电站（包括箱式）和变压器应有警告牌"的规定，验收合格						
	结论	验收合格，治理措施已按要求实施，同意注销			是否消除		是	
	验收组长	×××			验收日期		2018-6-26	

10.3.2 电杆根腐朽

一般隐患排查治理档案表

发现	隐患简题	国网××公司 3 月 15 日，10kV×××线路 32 号混凝土杆倾斜严重安全隐患			隐患来源	日常巡视	隐患原因	人身安全隐患
	隐患编号	国网××公司/国网××公司 2018××××	隐患所在单位	国网××公司	专业分类	配电	详细分类	电杆根腐朽
	发现人	×××	发现人单位	×××供电所	发现日期		2018-3-15	
	事故隐患内容	国网××公司 10kV×××线路 32 号混凝土杆，运行 5 年，由于该杆处于农田中，经过长期浇灌，杆根基础松动造成杆身偏离线路中心 0.3m，影响其抗风性、支撑线路能力，不满足 Q/GDW 1519—2014《配电网运维规程》6.2.2"杆塔和基础巡视"的主要内容："a) 杆塔是否倾斜、位移，是否符合 SD 292—1988 相关规定，杆塔偏离线路中心不应大于 0.1m，砼杆倾斜不应大于 15/1000，铁塔倾斜度不应大于 0.5%（适用于 50m 及以上高度铁塔）或 1.0%（适用于 50m 以下高度铁塔），转角杆不应向内角倾斜，终端杆不应向导线侧倾斜，向拉线侧倾斜应小于 0.2m"的要求。春灌季节农作繁忙，极易造成人员被线杆砸伤，可能造成《国家电网公司安全事故调查规程（2017 修正版）》2.1.2.8 定义的"无人员死亡和重伤，但造成 1～2 人轻伤者"的八级人身事件						
	可能导致后果	可能造成倒杆伤人的八级人身事件			归属职能部门		运维检修	
预评估	预评估等级	一般隐患	预评估负责人签名	×××	预评估负责人签名日期		2018-3-16	
			工区领导审核签名	×××	工区领导审核签名日期		2018-3-17	
评估	评估等级	一般隐患	评估负责人签名	×××	评估负责人签名日期		2018-3-17	
			评估领导审核签名	×××	评估领导审核签名日期		2018-3-17	
治理	治理责任单位	×××供电所		治理责任人		×××		
	治理期限	自	2018-3-17	至		2018-4-30		
	是否计划项目		是否完成计划外备案		是		计划编号	
	防控措施	×××供电所运行维护人员每周增加一次特殊巡视，采取必要的临时安全警示措施，重点对混凝土杆加强巡视与检查力度，发现问题后及时报告，×××供电所要做好突发事件的应急措施，做好人员、车辆、物资的应急准备						
	治理完成情况	4 月 20 日，×××供电所组织施工人员对 10kV×××线路 32 号混凝土杆进行正杆培土，工作结束后，满足 Q/GDW 1519—2014《配电网运维规程》6.2.2"杆塔和基础巡视"的主要内容："a) 杆塔是否倾斜、位移，是否符合 SD 292—1988 相关规定，杆塔偏离线路中心不应大于 0.1m，砼杆倾斜不应大于 15/1000"的要求，混凝土杆倾斜安全隐患治理完成						
	隐患治理计划资金（万元）		0.00		累计落实隐患治理资金（万元）		0.00	
验收	验收申请单位	国网××公司	负责人	×××	签字日期		2018-4-22	
	验收组织单位	设备管理部						
	验收意见	经验收，国网××公司已对 10kV×××线路 32 号混凝土杆进行校正加固处理，满足 Q/GDW 1519—2014《配电网运维规程》6.2.2"杆塔和基础巡视"的主要内容"a) 杆塔是否倾斜、位移，是否符合 SD 292—1988 相关规定，杆塔偏离线路中心不应大于 0.1m，砼杆倾斜不应大于 15/1000，铁塔倾斜度不应大于 0.5%（适用于 50m 及以上高度铁塔）或 1.0%（适用于 50m 以下高度铁塔），转角杆不应向内角倾斜，终端杆不应向导线侧倾斜，向拉线侧倾斜应小于 0.2m"的要求，验收合格，隐患已消除						
	结论	验收合格，治理措施已按要求实施，同意注销			是否消除		是	
	验收组长	×××			验收日期		2018-4-23	

10.3.3　电杆固定不牢

一般隐患排查治理档案表

2018 年度 国网××公司

发现	隐患简题	国网××公司 4 月 17 日，10kV×××线路×××支线 1～6 号杆杆身倾斜严重隐患		隐患来源	日常巡视	隐患原因	人身安全隐患	
	隐患编号	国网××公司/国网××公司 2018××××	隐患所在单位	×××供电所	专业分类	配电	详细分类	电杆固定不牢
	发现人	×××	发现人单位	×××供电所	发现日期		2018-4-17	
	事故隐患内容	国网××公司，10kV×××线路×××支线 1～6 号杆 2014 年 8 月生产，2015 年 6 月投运。受 2015 年政府修建石津渠工程影响（在该电杆东侧修渠），现该电杆杆身向导线侧倾斜严重。已不满足 SD 292—1988《架空配电线路及设备运行规程》3.2.1"杆塔偏离线路中心线不应大于 0.1m。木杆与混凝土杆倾斜度（包括挠度）转角杆、直线杆不应大于 15/1000，转角杆不应向内角倾斜，终端杆不应向导线侧倾斜，向拉线侧倾斜应小于 200mm"的规定。遇大风天气时易造成倒杆、断杆的伤人事件，可能造成《国家电网公司安全事故调查规程（2017 修正版）》2.1.2.8 定义的"无人员死亡和重伤，但造成 1～2 人轻伤者"的八级人身事件							
	可能导致后果	可能造成八级人身事件			归属职能部门		运维检修	
预评估	预评估等级	一般隐患	预评估负责人签名	×××	预评估负责人签名日期		2018-4-23	
			工区领导审核签名	×××	工区领导审核签名日期		2018-4-23	
评估	评估等级	一般隐患	评估负责人签名	×××	评估负责人签名日期		2018-4-23	
			评估领导审核签名	×××	评估领导审核签名日期		2018-4-23	
治理	治理责任单位	×××供电所		治理责任人		×××		
	治理期限	自	2018-4-23	至		2018-5-31		
	是否计划项目		是否完成计划外备案			计划编号		
	防控措施	（1）雨季期间，做好对×××线路×××支线 1～6 号杆倾斜夯杆的线路巡视。 （2）对 10kV×××线路×××支线 1～6 号杆两侧采取补打拉线的安全措施							
	治理完成情况	5 月 29 日，×××供电所已将 10kV×××线路×××支线 1～6 号杆进行扶正并夯实，满足 SD 292—1988《架空配电线路及设备运行规程》3.2.1"杆塔偏离线路中心线不应大于 0.1m。木杆与混凝土杆倾斜度（包括挠度）转角杆、直线杆不应大于 15/1000，转角杆不应向内角倾斜，终端杆不应向导线侧倾斜，向拉线侧倾斜应小于 200mm"的规定，杆身倾斜严重隐患已治理							
	隐患治理计划资金（万元）		0.03		累计落实隐患治理资金（万元）		0.00	
验收	验收申请单位	国网××公司	负责人	×××	签字日期		2018-5-29	
	验收组织单位	国网××公司						
	验收意见	经验收，治理措施已按要求实施，满足 SD 292—1988《架空配电线路及设备运行规程》3.2.1"杆塔偏离线路中心线不应大于 0.1m。木杆与混凝土杆倾斜度（包括挠度）转角杆、直线杆不应大于 15/1000，转角杆不应向内角倾斜，终端杆不应向导线侧倾斜，向拉线侧倾斜应小于 200mm"的规定。同意注销							
	结论	验收合格，治理措施已按要求实施，同意注销			是否消除		是	
	验收组长	×××			验收日期		2018-5-29	

10.3.4 电杆老旧

一般隐患排查治理档案表

	隐患简题	国网××公司 4 月 15 日，35kV×××站 10kV×××线路×××分支 5 号杆严重裂纹隐患			隐患来源	安全检查	隐患原因	人身安全隐患
发现	隐患编号	国网××公司/国网××公司 2018××××	隐患所在单位	国网××公司	专业分类	配电	详细分类	电杆老旧
	发现人	×××	发现人单位	×××供电所	发现日期			2018-4-15
	事故隐患内容	国网××公司 35kV×××站 10kV×××线路×××分支 5 号杆为 10m 混凝土杆，因长期风化导致该混凝土杆杆身严重老化，外层水泥酥裂脱落、钢筋外露，长度约 1.5m，宽 20cm。不符合 Q/GDW 1519—2014《配电网运维规程》6.2.2 "杆塔和基础巡视的主要内容：b）砼杆不应有严重裂纹、铁锈水，保护层不应脱落、疏松、钢筋外露，砼杆不宜有纵向裂纹，横向裂纹不宜超过 1/3 周长，且裂纹宽度不宜大于 0.5mm"的规定，该杆位于村民日常活动区域内，可能因电杆强度不够发生倒杆事故，造成《国家电网公司安全事故调查规程（2017 修正版）》2.1.2.8 定义的"无人员死亡和重伤，但造成 1～2 人轻伤者"的八级人身事件						
	可能导致后果	可能造成八级人身事件			归属职能部门		农电	
预评估	预评估等级	一般隐患	预评估负责人签名	×××	预评估负责人签名日期			2018-4-17
			工区领导审核签名	×××	工区领导审核签名日期			2018-4-17
评估	评估等级	一般隐患	评估负责人签名	×××	评估负责人签名日期			2018-4-18
			评估领导审核签名	×××	评估领导审核签名日期			2018-4-20
治理	治理责任单位	×××供电所		治理责任人		×××		
	治理期限	自	2018-4-20	至		2018-6-12		
	是否计划项目		是否完成计划外备案			计划编号		
治理	防控措施	（1）加强日常巡视，密切注意裂缝变化，安装"禁止靠近"标识牌。 （2）采取电杆强度补强措施。 （3）列入计划进行更换改造						
	治理完成情况	制订了对 35kV×××站 10kV×××线路×××分支 5 号杆整改计划，于 2018 年 04 月 27 日完成了×××分支 5 号杆更换工作。工作完成后，35kV×××站 10kV×××线路×××分支 5 号杆满足安全运行技术要求，符合 Q/GDW 1519—2014《配电网运维规程》6.2.2 "杆塔和基础巡视的主要内容：b）砼杆不应有严重裂纹、铁锈水，保护层不应脱落、疏松、钢筋外露，砼杆不宜有纵向裂纹，横向裂纹不宜超过 1/3 周长，且裂纹宽度不宜大于 0.5mm"的规定，杆严重裂纹隐患已治理完成						
	隐患治理计划资金（万元）		0.00		累计落实隐患治理资金（万元）		0.00	
验收	验收申请单位	国网××公司	负责人	×××	签字日期			2018-4-27
	验收组织单位	设备管理部						
	验收意见	经验收，电杆已更换，整改措施已落实，符合 Q/GDW 1519—2014《配电网运维规程》6.2.2 "杆塔和基础巡视的主要内容：b）砼杆不应有严重裂纹、铁锈水，保护层不应脱落、疏松、钢筋外露，砼杆不宜有纵向裂纹，横向裂纹不宜超过 1/3 周长，且裂纹宽度不宜大于 0.5mm"的规定。杆严重裂纹隐患已消除						
	结论	验收合格，治理措施已按要求实施，同意注销			是否消除		是	
	验收组长		×××		验收日期		2018-4-28	

10.3.5　电杆裂纹

一般隐患排查治理档案表

2018 年度　　　国网××公司

发现	隐患简题	国网××公司 4 月 27 日，35kV×××站 10kV×××线路×××台区 2 号低压混凝土杆严重裂纹安全隐患			隐患来源	安全检查	隐患原因	人身安全隐患
	隐患编号	国网××公司/国网××公司 20180××××	隐患所在单位	国网××公司	专业分类	配电	详细分类	电杆裂纹
	发现人	×××	发现人单位	×××供电所	发现日期			2018-4-23
	事故隐患内容	国网××公司 35kV×××站 10kV×××线路×××台区 2 号低压混凝土杆位于村十字路口。因长期风化腐蚀导致该混凝土杆杆身出现严重纵向裂纹，且裂纹最宽已达 21mm，裂纹长度 1500mm。不符合 Q/GDW 1519—2014《配电网运维规程》6.2.2"杆塔和基础巡视的主要内容：b）砼杆不应有严重裂纹、铁锈水，保护层不应脱落、疏松、钢筋外露，砼杆不宜有纵向裂纹，横向裂纹不宜超过 1/3 周长，且裂纹宽度不宜大于 0.5mm"的规定，该杆位于村民日常活动区域内，易发生倒杆断线砸伤人员的人身事件，造成《国家电网公司安全事故调查规程（2017 修正版）》2.1.2.8 定义的"无人员死亡和重伤，但造成 1～2 人轻伤者"的八级人身事件						
	可能导致后果	可能造成的八级人身事件			归属职能部门			农电
预评估	预评估等级	一般隐患	预评估负责人签名	×××	预评估负责人签名日期			2018-4-27
			工区领导审核签名	×××	工区领导审核签名日期			2018-4-27
评估	评估等级	一般隐患	评估负责人签名	×××	评估负责人签名日期			2018-4-28
			评估领导审核签名	×××	评估领导审核签名日期			2018-4-30
治理	治理责任单位	×××供电所		治理责任人	×××			
	治理期限	自	2018-4-27	至	2018-6-29			
	是否计划项目		是否完成计划外备案			计划编号		
	防控措施	（1）加强日常巡视，密切注意裂缝变化，安装"禁止靠近"临时标识牌。 （2）采取电杆强度临时补强措施。 （3）列入计划进行更换改造。						
	治理完成情况	制订了对 35kV×××站 10kV×××线×××台区 2 号杆整改计划，于 2018 年 5 月 11 日完成了 10kV×××线路×××台区 2 号杆更换工作。更换后，符合 Q/GDW 1519—2014《配电网运维规程》6.2.2"杆塔和基础巡视的主要内容：b）砼杆不应有严重裂纹、铁锈水，保护层不应脱落、疏松、钢筋外露，砼杆不宜有纵向裂纹，横向裂纹不宜超过 1/3 周长，且裂纹宽度不宜大于 0.5mm"的规定，隐患已治理完成						
	隐患治理计划资金（万元）		0.00		累计落实隐患治理资金（万元）			0.00
验收	验收申请单位	国网××公司	负责人	×××	签字日期			2018-5-11
	验收组织单位	设备管理部						
	验收意见	经验收，整改措施已落实，10kV×××线路×××台区 2 号杆符合 Q/GDW 1519—2014《配电网运维规程》6.2.2"杆塔和基础巡视的主要内容：b）砼杆不应有严重裂纹、铁锈水，保护层不应脱落、疏松、钢筋外露，砼杆不宜有纵向裂纹，横向裂纹不宜超过 1/3 周长，且裂纹宽度不宜大于 0.5mm"的规定，安全隐患治理完成						
	结论	验收合格，治理措施已按要求实施，同意注销			是否消除			是
	验收组长		×××		验收日期			2018-5-14

10.3.6 电缆沟道

一般隐患排查治理档案表

国网××公司

	隐患简题	国网××公司 4 月 12 日，10kV×××线路×××环网柜电缆井盖板丢失安全隐患		隐患来源	日常巡视	隐患原因	人身安全隐患
发现	隐患编号	国网××公司/国网××公司 2018××××	隐患所在单位	国网××公司	专业分类	配电	详细分类	电缆沟道
	发现人	×××	发现人单位	输配电运检班	发现日期			2018-4-12
	事故隐患内容	10kV×××线路×××环网柜旁有电缆井，电缆井盖板丢失，不满足 Q/GDW 1519—2014《配电网运维规程》6.3.1 e）"盖板是否齐全完整、排列紧密，有无破损"的规定。该电缆井虽然在常设围栏里面，但在运维检修人员因工作需要，进入常设围栏在该环网柜附近进行巡视或其他工作时，可能会注意不到该隐患，从而意外跌落电缆井，造成人员摔伤事故。可能造成《国家电网公司事故调查规程（2017 修正版）》2.1.2.8 定义的"无人员死亡和重伤，但造成 1～2 人轻伤者"的八级人身事件					
	可能导致后果	可能造成人员摔伤的八级人身事件			归属职能部门		运维检修
预评估	预评估等级	一般隐患	预评估负责人签名	×××	预评估负责人签名日期			2018-4-12
			工区领导审核签名	×××	工区领导审核签名日期			2018-4-12
评估	评估等级	一般隐患	评估负责人签名	×××	评估负责人签名日期			2018-4-12
			评估领导审核签名	×××	评估领导审核签名日期			2018-4-12
治理	治理责任单位	输配电运检班		治理责任人			×××
	治理期限	自	2018-4-12	至			2018-6-30
	是否计划项目		是否完成计划外备案			计划编号	
	防控措施	（1）组织运维人员对该线路每周增加一次巡视，发现异常情况及时上报并处理。 （2）在电缆井周围安装临时遮栏，设置临时警示标识，提醒周围人员注意不要靠近。 （3）将该隐患列入整改治理计划，尽快完成整改工作。 （4）做好应急人员、车辆等准备工作，严防突发事件					
	治理完成情况	5 月 10 日，×××工区组织对 10kV×××线路×××环网柜旁电缆井重新进行修整，并更换井盖。工作完毕后，此处电缆井已满足 Q/GDW 1519—2014《配电网运维规程》6.3.1 e）"盖板是否齐全完整、排列紧密，有无破损"的要求，环网柜电缆井盖板丢失安全隐患已完成治理					
	隐患治理计划资金（万元）		0.00		累计落实隐患治理资金（万元）		0.00
验收	验收申请单位	国网××公司	负责人	×××	签字日期			2018-5-10
	验收组织单位	国网××公司					
	验收意见	经验收，现场电缆井盖板已经更换，拆除了临时警示标识，满足 Q/GDW 1519—2014《配电网运维规程》6.3.1 e）"盖板是否齐全完整、排列紧密，有无破损"的规定，验收合格，环网柜电缆井盖板丢失安全隐患消除					
	结论	验收合格，治理措施已按要求实施，同意注销			是否消除		是
	验收组长	×××			验收日期		2018-5-11

10.3.7　防误装置

2018 年度 　　　国网××公司

发现	隐患简题	国网××公司 4 月 12 日，10kV×××环网柜中电缆侧未安装带电显示装置的误操作隐患			隐患来源	安全检查	隐患原因	设备设施隐患
	隐患编号	国网××公司/国网××公司 2018××××	隐患所在单位	配电运检工区	专业分类	配电	详细分类	防误装置
	发现人	×××	发现人单位	配电运维二班	发现日期	2018-4-12		
	事故隐患内容	国网××公司 10kV×××环网柜中电缆侧未安装带电显示装置，影响操作时判断，不满足 Q/GDW 11250—2014《10kV 环网柜选型技术原则和检测技术规范》5.10 "环网柜的五防及联锁装置 b）进、出线柜应装有能反映进出线侧有无电压，并具有联锁信号输出功能的带电显示装置。当线路侧带电时，应有闭锁操作接地开关及电缆室门的装置"的要求。且环网柜出线侧带电显示装置与接地开关之间没有防误功能，存在电缆带电合接地开关的误操作风险，可能造成《国家电网公司安全事故调查规程（2017 修正版）》2.3.6.3 定义的"3kV 以上 10kV 以下电气设备发生下列恶性电气误操作：带负荷误拉（合）隔离开关、带电挂（合）接地线（接地开关）、带地线（接地开关）合断路器（隔离开关）"的六级设备事件						
	可能导致后果	可能造成 10kV 设备误操作的六级设备事件			归属职能部门		运维检修	
预评估	预评估等级	一般隐患	预评估负责人签名	×××	预评估负责人签名日期		2018-4-14	
			工区领导审核签名	×××	工区领导审核签名日期		2018-4-14	
评估	评估等级	一般隐患	评估负责人签名	×××	评估负责人签名日期		2018-4-14	
			评估领导审核签名	×××	评估领导审核签名日期		2018-4-16	
治理	治理责任单位	配电运检工区		治理责任人		×××		
	治理期限	自	2018-4-14	至		2018-5-31		
	是否计划项目		是否完成计划外备案		是	计划编号		
	防控措施	配电运维二班将此危险点纳入风险管控，严格执行操作规程，增加临时警示标识，操作时提醒注意安全，同时及时申请停电加装带电显示装置，完善防误闭锁功能						
	治理完成情况	5 月 18 号由×××公司在 10kV ×××环网柜安装带电显示装置，满足 Q/GDW 11250—2014《10kV 环网柜选型技术原则和检测技术规范》5.10 "环网柜的五防及联锁装置 b）进、出线柜应装有能反映进出线侧有无电压，并具有联锁信号输出功能的带电显示装置。当线路侧带电时，应有闭锁操作接地开关及电缆室门的装置"的要求。环网柜中电缆侧未安装带电显示装置的误操作隐患已处理						
	隐患治理计划资金（万元）		0.00		累计落实隐患治理资金（万元）		0.00	
验收	验收申请单位	配电运检工区		负责人	×××	签字日期	2018-5-19	
	验收组织单位	设备管理部						
	验收意见	经验收，配电运检室已协调×××公司，对 10kV×××环网柜中电缆侧进行安装带电显示装置处理，满足 Q/GDW 11250—2014《10kV 环网柜选型技术原则和检测技术规范》5.10 "环网柜的五防及联锁装置 b）进、出线柜应装有能反映进出线侧有无电压，并具有联锁信号输出功能的带电显示装置。当线路侧带电时，应有闭锁操作接地开关及电缆室门的装置"的要求。环网柜中电缆侧未安装带电显示装置的误操作隐患已处理，验收合格						
	结论	验收合格，治理措施已按要求实施，同意注销			是否消除		是	
	验收组长	×××			验收日期		2018-5-21	

10.3.8 杆路矛盾

一般隐患排查治理档案表

发现	隐患简题	国网××公司 3 月 10 日，10kV×××线路主干 19 号电杆杆路矛盾隐患			隐患来源	日常巡视	隐患原因	人身安全隐患
	隐患编号	国网××公司/国网××公司 2018××××	隐患所在单位	国网××公司	专业分类	配电	详细分类	杆路矛盾
	发现人	×××	发现人单位	×××供电所	发现日期	2018-3-10		
	事故隐患内容	国网××公司 10kV×××线路主干，由于道路拓宽，致使原来在路边的 19 号电杆处于道路中央。目前道路主体施工完成，道路封挡已拆除，且该杆未装设防撞标识，不满足 Q/GDW 1519—2014《配电网运维规程》中规定的"电杆中心至路面边缘的距离不小于 0.5m"的要求，道路通行后车辆行人较多，易发生车辆撞杆，可能造成《国家电网公司安全事故调查规程（2017 修正版）》2.1.2.8 定义的"无人员死亡和重伤，但造成 1～2 人轻伤者"的八级人身事件						
	可能导致后果	可能造成人员碰撞伤害的八级人身事件			归属职能部门	运维检修		
预评估	预评估等级	一般隐患	预评估负责人签名	×××	预评估负责人签名日期	2018-3-10		
			工区领导审核签名	×××	工区领导审核签名日期	2018-3-11		
评估	评估等级	一般隐患	评估负责人签名	×××	评估负责人签名日期	2018-3-15		
			评估领导审核签名	×××	评估领导审核签名日期	2018-3-15		
治理	治理责任单位	×××供电所		治理责任人	×××			
	治理期限	自	2018-3-10	至	2018-6-10			
	是否计划项目		是否完成计划外备案		计划编号			
	防控措施	增设临时警示标识及夜间警示标识，纳入隐患治理计划，尽快对线路进行迁移（或改为地下电缆）						
	治理完成情况	已对电杆进行迁移，迁移后的电杆距离面边缘距离满足 Q/GDW 1519—2014《配电网运维规程》中规定的"电杆中心至路面边缘的距离不小于 0.5m"的要求，电杆杆路矛盾隐患已治理						
	隐患治理计划资金（万元）	0.00		累计落实隐患治理资金（万元）	0.00			
验收	验收申请单位	国网××公司	负责人	×××	签字日期	2018-3-23		
	验收组织单位	国网××公司						
	验收意见	经验收，整改措施已落实，10kV×××线路主干 19 号电杆已迁移，满足 Q/GDW 1519—2014《配电网运维规程》中规定的"电杆中心至路面边缘的距离不小于 0.5m"的要求，电杆杆路矛盾隐患已治理。隐患已消除						
	结论	验收合格，治理措施已按要求实施，同意注销		是否消除	是			
	验收组长	×××		验收日期	2018-3-30			

10.3.9 老旧设备

一般隐患排查治理档案表

<table>
<tr><td rowspan="4">发现</td><td>隐患简题</td><td colspan="3">国网××公司 5 月 15 日，10kV×××线路×××配变 JP 柜柜门脱落安全隐患</td><td>隐患来源</td><td>日常巡视</td><td>隐患原因</td><td>人身安全隐患</td></tr>
<tr><td>隐患编号</td><td>国网××公司/国网××公司 2018××××</td><td>隐患所在单位</td><td>国网××公司</td><td>专业分类</td><td>配电</td><td>详细分类</td><td>老旧设备</td></tr>
<tr><td>发现人</td><td>×××</td><td>发现人单位</td><td>×××供电所</td><td>发现日期</td><td colspan="3">2018-5-15</td></tr>
<tr><td>事故隐患内容</td><td colspan="7">10kV×××线路×××配变 JP 柜运行使用超过 12 年，配变 JP 柜因长期户外运行，柜门老化锈蚀脱落，柜内带电设备、控制装置外露，不满足 Q/GDW 1519—2014《配电网运维规程》6.6"开关柜、配电柜的巡视：b) 柜门关闭是否正常，油漆有无剥落"的规定，该配变 JP 柜位于村民居住集中地带，周围行人较多，闲杂人等容易误碰带电设备引发触电事故，可能造成《国家电网公司安全事故调查规程（2017 修正版）》2.1.2.8 定义的"无人员死亡和重伤，但造成 1～2 人轻伤者"的八级人身事件</td></tr>
<tr><td rowspan="3">预评估</td><td>可能导致后果</td><td colspan="3">可能造成人员触电伤害的八级人身事件</td><td>归属职能部门</td><td colspan="3">运维检修</td></tr>
<tr><td>预评估等级</td><td colspan="2">一般隐患</td><td>预评估负责人签名</td><td>×××</td><td>预评估负责人签名日期</td><td colspan="2">2018-5-16</td></tr>
<tr><td></td><td colspan="2"></td><td>工区领导审核签名</td><td>×××</td><td>工区领导审核签名日期</td><td colspan="2">2018-5-16</td></tr>
<tr><td rowspan="2">评估</td><td>评估等级</td><td colspan="2">一般隐患</td><td>评估负责人签名</td><td>×××</td><td>评估负责人签名日期</td><td colspan="2">2018-5-17</td></tr>
<tr><td></td><td colspan="2"></td><td>评估领导审核签名</td><td>×××</td><td>评估领导审核签名日期</td><td colspan="2">2018-5-18</td></tr>
<tr><td rowspan="6">治理</td><td>治理责任单位</td><td colspan="2">国网××公司</td><td>治理责任人</td><td colspan="4">×××</td></tr>
<tr><td>治理期限</td><td>自</td><td>2018-5-16</td><td>至</td><td colspan="4">2018-7-30</td></tr>
<tr><td>是否计划项目</td><td colspan="2">否</td><td>是否完成计划外备案</td><td>是</td><td>计划编号</td><td colspan="2"></td></tr>
<tr><td>防控措施</td><td colspan="7">(1) 由×××供电所运行维护人员对该处每周增加一次巡视，发现危险行为立即制止，恶劣天气下组织特巡。
(2) 在 JP 柜周围设置临时围栏，加装临时警示标识牌。
(3) 列入整改工作计划，尽快完成整改工作。
(4) 结合日常安全用电宣传工作，告知周围人员切勿靠近。
(5) 做好应急人员及车辆等准备工作，严防突发事件</td></tr>
<tr><td>治理完成情况</td><td colspan="7">2018 年 6 月 6 日，已按照 JP 柜柜门脱落安全隐患治理方案，由×××供电所完成 10kV×××线路×××配变 JP 柜柜门的维修安装工作，新安装 JP 柜柜门闭锁良好运行正常，满足 Q/GDW 1519—2014《配电网运维规程》6.6.b)的规定，配变 JP 柜柜门脱落安全隐患治理完成</td></tr>
<tr><td>隐患治理计划资金（万元）</td><td colspan="3">0.00</td><td>累计落实隐患治理资金（万元）</td><td colspan="3">0.00</td></tr>
<tr><td rowspan="5">验收</td><td>验收申请单位</td><td colspan="2">国网××公司</td><td>负责人</td><td>×××</td><td>签字日期</td><td colspan="2">2018-6-6</td></tr>
<tr><td>验收组织单位</td><td colspan="7">国网××公司</td></tr>
<tr><td>验收意见</td><td colspan="7">经验收，整改措施已落实，满足 Q/GDW 1519—2014《配电网运行规程》6.6"开关柜、配电柜的巡视：b) 柜门关闭是否正常，油漆有无剥落"的规定，配变 JP 柜柜门脱落安全隐患治理完成</td></tr>
<tr><td>结论</td><td colspan="4">验收合格，治理措施已按要求实施，同意注销</td><td>是否消除</td><td colspan="2">是</td></tr>
<tr><td>验收组长</td><td colspan="4">×××</td><td>验收日期</td><td colspan="2">2018-6-7</td></tr>
</table>

10.3.10 配变对地距离不足

2018 年度   国网××公司

<table>
<tr><td rowspan="6">发现</td><td>隐患简题</td><td colspan="3">国网××公司5月22日，10kV×××线路×××分支10号杆×××配变对地距离不足的安全隐患</td><td>隐患来源</td><td>日常巡视</td><td>隐患原因</td><td>人身安全隐患</td></tr>
<tr><td>隐患编号</td><td>国网××公司/国网××公司2018××××</td><td>隐患所在单位</td><td>×××供电所</td><td>专业分类</td><td>配电</td><td>详细分类</td><td>配变对地距离不足</td></tr>
<tr><td>发现人</td><td>×××</td><td>发现人单位</td><td>×××供电所</td><td>发现日期</td><td colspan="3">2018-5-22</td></tr>
<tr><td>事故隐患内容</td><td colspan="7">10kV×××线路×××配电台区，为柱上式安装配变，因变台区下存在有人为堆放杂物、杂物高0.6m使地基抬高，造成配电变压器底座对地距离不足2m，不满足DL/T 499—2001《农村低压电力技术规程》3.2.3"柱上安装或屋顶安装的配电变压器，其底座距地面不应小于2.5m"的规定。且该变台位于进村道路旁，人员及大型车辆来往频繁，可能造成因安全距离不够对行人或车辆放电，可能造成《国家电网公司安全事故调查规程（2017修正版）》2.1.2.8定义的"无人员死亡和重伤，但造成1～2人轻伤者"的八级人身事件</td></tr>
<tr><td>可能导致后果</td><td colspan="4">可能造成伤及人身的八级人身事件</td><td>归属职能部门</td><td colspan="2">运维检修</td></tr>
<tr><td colspan="8"></td></tr>
<tr><td rowspan="2">预评估</td><td rowspan="2">预评估等级</td><td rowspan="2" colspan="2">一般隐患</td><td>预评估负责人签名</td><td>×××</td><td>预评估负责人签名日期</td><td colspan="2">2018-5-24</td></tr>
<tr><td>工区领导审核签名</td><td>×××</td><td>工区领导审核签名日期</td><td colspan="2">2018-5-24</td></tr>
<tr><td rowspan="2">评估</td><td rowspan="2">评估等级</td><td rowspan="2" colspan="2">一般隐患</td><td>评估负责人签名</td><td>×××</td><td>评估负责人签名日期</td><td colspan="2">2018-5-25</td></tr>
<tr><td>评估领导审核签名</td><td>×××</td><td>评估领导审核签名日期</td><td colspan="2">2018-5-25</td></tr>
<tr><td rowspan="6">治理</td><td>治理责任单位</td><td colspan="3">×××供电所</td><td>治理责任人</td><td colspan="3">×××</td></tr>
<tr><td>治理期限</td><td>自</td><td colspan="2">2018-5-24</td><td>至</td><td colspan="3">2018-6-15</td></tr>
<tr><td>是否计划项目</td><td></td><td colspan="3">是否完成计划外备案</td><td></td><td>计划编号</td><td></td></tr>
<tr><td>防控措施</td><td colspan="7">（1）隐患消除之前由×××供电所对该变台加强运行巡视，每周增加一次特巡，发现危险行为及时制止。
（2）在配变周围设置临时围栏和警示标识，提醒周围人员注意保持安全距离。
（3）结合日常安全宣传，告知周围人员不要靠近，提高周围居民安全用电意识。
（4）做好人员、车辆、物资的应急准备，严防突发事件</td></tr>
<tr><td>治理完成情况</td><td colspan="7">2018年6月5日，已按照配变对地安全距离不足安全隐患治理方案，由×××供电所完成10kV×××线路×××配变的抬高工作，抬高后配变运行正常，满足DL/T 499—2001《农村低压电力技术规程》3.2.3"柱上安装或屋顶安装的配电变压器，其底座距地面不应小于2.5m"的规定，配变对地安全距离不足的安全隐患治理完成</td></tr>
<tr><td>隐患治理计划资金（万元）</td><td colspan="3">0.2</td><td>累计落实隐患治理资金（万元）</td><td colspan="3">0.00</td></tr>
<tr><td rowspan="4">验收</td><td>验收申请单位</td><td>国网××公司</td><td>负责人</td><td>×××</td><td>签字日期</td><td colspan="3">2018-5-29</td></tr>
<tr><td>验收组织单位</td><td colspan="7">设备管理部</td></tr>
<tr><td>验收意见</td><td colspan="7">经验收，整改措施已落实，满足DL/T 499—2001《农村低压电力技术规程》3.2.3"柱上安装或屋顶安装的配电变压器，其底座距地面不应小于2.5m"的规定，配变对地安全距离不足的安全隐患治理完成</td></tr>
<tr><td>结论</td><td colspan="3">验收合格，治理措施已按要求实施，同意注销</td><td>是否消除</td><td colspan="3">是</td></tr>
<tr><td></td><td>验收组长</td><td colspan="3">×××</td><td>验收日期</td><td colspan="3">2018-5-31</td></tr>
</table>

10.3.11 外力破坏防护

2018 年度　　　　　　　　　　　　　　　　　　　　　　　　　　　　　　　　　　　国网××公司

发现	隐患简题	国网××公司5月3日，10kV×××线路×××台区下存放材草隐患		隐患来源	日常巡视	隐患原因	设备设施隐患
	隐患编号	国网××公司/国网××公司2018××××	隐患所在单位	×××供电所	专业分类	配电	详细分类	外力破坏防护
	发现人	×××	发现人单位	×××供电所	发现日期		2018-5-3	
	事故隐患内容	国网××公司日常巡视发现10kV×××线路×××台区位于×××村村西，周围有民房。在该台区下存放有玉米秸秆、柴草等易燃品。不满足《电力设施保护条例》第十五条"任何单位或个人在架空电力保护区内，不得堆放谷物、草料、垃圾、矿渣、易燃物、易爆物及其他影响安全供电的物品"的规定。在跌开电流过大时闪落时可能引起火灾，造成房屋烧损与人员受伤。可能造成《国家电网公司安全事故调查规程（2017修正版）》2.3.7.6定义的"发生火灾"的七级设备事件					
	可能导致后果	可能发生火灾的七级设备事件		归属职能部门		运维检修	
预评估	预评估等级	一般隐患	预评估负责人签名	×××	预评估负责人签名日期	2018-5-9	
			工区领导审核签名	×××	工区领导审核签名日期	2018-5-9	
评估	评估等级	一般隐患	评估负责人签名	×××	评估负责人签名日期	2018-5-11	
			评估领导审核签名	×××	评估领导审核签名日期	2018-5-11	
治理	治理责任单位	×××供电所		治理责任人		×××	
	治理期限	自	2018-5-9	至		2018-6-30	
	是否计划项目		是否完成计划外备案			计划编号	
	防控措施	（1）立即在台区下方悬挂"禁止堆放杂物""禁止动火作业"的临时警示标识。 （2）对附近居民进行电力设施保护宣传。 （3）安排人员对玉米秸秆主人下发安全告知书，尽快将玉米秸秆移出线路保护区范围					
	治理完成情况	5月16日，×××供电所协调物权人对台区下方玉米秸秆进行了清理，并设置了标识牌禁止在保护区内堆放玉米秸秆。工作完成后，满足《电力设施保护条例》第十五条"任何单位或个人在架空电力保护区内，不得堆放谷物、草料、垃圾、矿渣、易燃物、易爆物及其他影响安全供电的物品"的规定，台区下存放材草隐患已治理					
	隐患治理计划资金（万元）	0.02		累计落实隐患治理资金（万元）		0.00	
验收	验收申请单位	国网××公司	负责人	×××	签字日期	2018-5-16	
	验收组织单位	设备管理部					
	验收意见	5月17日，经设备管理部对国网××公司2018××××号隐患进行现场验收，确认治理情况符合安全规程要求，满足《电力设施保护条例》第十五条"任何单位或个人在架空电力保护区内，不得堆放谷物、草料、垃圾、矿渣、易燃物、易爆物及其他影响安全供电的物品"的规定，台区下存放材草隐患已治理					
	结论	验收合格，治理措施已按要求实施，同意注销		是否消除		是	
	验收组长	×××		验收日期		2018-5-17	

10.3.12 违章施工

一般隐患排查治理档案表

发现	隐患简题	国网××公司 3 月 15 日，10kV×××线路 9 号杆附近建筑施工吊车作业的人身伤害隐患		隐患来源	日常巡视	隐患原因	人身安全隐患
	隐患编号	国网××公司/国网××公司 2018××××	隐患所在单位	配电运检工区	专业分类	配电	详细分类	违章施工
	发现人	×××	发现人单位	配电运维二班	发现日期		2018-3-15
	事故隐患内容	国网××公司 10kV×××线路 9 号杆附近有建筑施工队进行吊车作业，工期约为一个月，吊车操作过程中机械设备与导线最小水平距离为 3.5m，不满足 Q/GDW 1519—2014《配电网运维规程》中"与 10kV 导线最小垂直距离大于 5m、最小水平距离大于 4m"的规定，吊车施工过程中极易导致工作人员及作业设备触碰带电导线，可能造成《国家电网公司安全事故调查规程（2017 修正版）》2.1.2.8 定义的"无人员死亡和重伤，但造成 1～2 人轻伤者"的八级人身事件					
	可能导致后果	可能造成人员受伤的八级人身事件			归属职能部门		运维检修
预评估	预评估等级	一般隐患	预评估负责人签名	×××	预评估负责人签名日期		2018-3-16
			工区领导审核签名	×××	工区领导审核签名日期		2018-3-16
评估	评估等级	一般隐患	评估负责人签名	×××	评估负责人签名日期		2018-3-16
			评估领导审核签名	×××	评估领导审核签名日期		2018-3-17
治理	治理责任单位	配电运维三班		治理责任人		×××	
	治理期限	自	2018-3-17	至		2018-4-22	
	是否计划项目		是否完成计划外备案		否	计划编号	
	防控措施	配电运维二班加强巡视，缩短巡视周期，对重点区域增设警示标识，积极与施工方联系，履行隐患告知义务					
	治理完成情况	在发现吊车存在碰高压线的隐患后，运维班增加了巡视次数，并书面告知施工单位现场存在违反配电网运行的危险，施工单位 4 月 11 日将吊车拆除。满足 Q/GDW 1519—2014《配电网运维规程》中"与 10kV 导线最小垂直距离大于 5m、最小水平距离大于 4m"的规定					
	隐患治理计划资金（万元）		0.00		累计落实隐患治理资金（万元）		0.00
验收	验收申请单位	配电运检工区	负责人	×××	签字日期		2018-4-14
	验收组织单位	设备管理部					
	验收意见	经验收，配电运检室已协调现场施工人员，对 10kV×××线路 9 号杆附近建筑施工的吊车进行拆除处理，满足 Q/GDW 1519—2014《配电网运维规程》中"与 10kV 导线最小垂直距离大于 5m、最小水平距离大于 4m"的规定，隐患治理完成，验收合格					
	结论	验收合格，治理措施已按要求实施，同意注销			是否消除		是
	验收组长	×××			验收日期		2018-4-16

10.3.13　线材老化

一般隐患排查治理档案表

2018 年度   国网××公司

<table>
<tr>
<td rowspan="6">发现</td>
<td>隐患简题</td>
<td colspan="3">国网××公司 5 月 15 日，10kV×××线路×××配变台区 03 号表箱接户线老化安全隐患</td>
<td>隐患来源</td>
<td>日常巡视</td>
<td>隐患原因</td>
<td>人身安全隐患</td>
</tr>
<tr>
<td>隐患编号</td>
<td>国网××公司/
国网××公司
2018×××</td>
<td>隐患所在单位</td>
<td>国网××公司</td>
<td>专业分类</td>
<td>配电</td>
<td>详细分类</td>
<td>线材老化</td>
</tr>
<tr>
<td>发现人</td>
<td>×××</td>
<td>发现人单位</td>
<td>×××供电所</td>
<td>发现日期</td>
<td colspan="3">2018-5-15</td>
</tr>
<tr>
<td>事故隐患内容</td>
<td colspan="7">10kV×××线路×××配变台区 03 号表箱接户线因运行超过 15 年，存在绝缘皮老化脱落、裸露出金属部分、接头氧化、松弛，不满足 Q/GDW 1519—2014《配电网运维规程》6.2.3 "导线巡视的主要内容：导线有无断股、损伤、烧伤、腐蚀的痕迹，绑扎线有无脱落、开裂，连接线夹螺栓是否紧固、有无跑线现象"的规定，该接户线跨越胡同，人员及车辆来往频繁，如遇雨雪天气或者大风天气，易发生漏电或相间短路，引发过路行人触电事故。可能造成《国家电网公司安全事故调查规程（2017 修正版）》2.1.2.8 定义的"无人员死亡和重伤，但造成 1～2 人轻伤者"的八级人身事件</td>
</tr>
<tr>
<td>可能导致后果</td>
<td colspan="4">可能造成人员触电伤害的八级人身事件</td>
<td>归属职能部门</td>
<td colspan="2">运维检修</td>
</tr>
<tr>
<td colspan="8"></td>
</tr>
<tr>
<td rowspan="2">预评估</td>
<td>预评估等级</td>
<td rowspan="2">一般隐患</td>
<td colspan="2">预评估负责人签名</td>
<td>×××</td>
<td>预评估负责人签名日期</td>
<td colspan="2">2018-5-16</td>
</tr>
<tr>
<td colspan="3">工区领导审核签名</td>
<td>×××</td>
<td>工区领导审核签名日期</td>
<td colspan="2">2018-5-16</td>
</tr>
<tr>
<td rowspan="2">评估</td>
<td>评估等级</td>
<td rowspan="2">一般隐患</td>
<td colspan="2">评估负责人签名</td>
<td>×××</td>
<td>评估负责人签名日期</td>
<td colspan="2">2018-5-17</td>
</tr>
<tr>
<td colspan="3">评估领导审核签名</td>
<td>×××</td>
<td>评估领导审核签名日期</td>
<td colspan="2">2018-5-18</td>
</tr>
<tr>
<td rowspan="6">治理</td>
<td>治理责任单位</td>
<td colspan="3">国网××公司</td>
<td>治理责任人</td>
<td colspan="3">×××</td>
</tr>
<tr>
<td>治理期限</td>
<td>自</td>
<td colspan="2">2018-5-16</td>
<td>至</td>
<td colspan="3">2018-7-30</td>
</tr>
<tr>
<td>是否计划项目</td>
<td>否</td>
<td colspan="2">是否完成计划外备案</td>
<td>是</td>
<td>计划编号</td>
<td colspan="2"></td>
</tr>
<tr>
<td>防控措施</td>
<td colspan="7">（1）隐患消除之前由×××供电所运行维护人员每周增加一次巡视，发现危险行为立即制止。
（2）采取可靠防护措施，加装警示牌和临时抬高接户线的措施。
（3）×××供电所结合日常安全用电宣传工作，告之人员切勿触及带电线路，并做好人身触电应急处理措施。
（4）将该隐患列入整改计划，尽快更换老化线路</td>
</tr>
<tr>
<td>治理完成情况</td>
<td colspan="7">2018 年 6 月 6 日，已按照表箱接户线老化安全隐患治理方案，由×××供电所完成 10kV×××线路×××配变台区 03 号表箱接户线的更换工作，表箱接户线满足 Q/GDW 1519—2014《配电网运维规程》6.2.3 "导线巡视的主要内容：导线有无断股、损伤、烧伤、腐蚀的痕迹，绑扎线有无脱落、开裂，连接线夹螺栓是否紧固、有无跑线现象"的规定，完成整改投运，运行正常，表箱接户线老化安全隐患治理完成</td>
</tr>
<tr>
<td>隐患治理计划资金（万元）</td>
<td colspan="3">0.00</td>
<td>累计落实隐患治理资金（万元）</td>
<td colspan="3">0.00</td>
</tr>
<tr>
<td rowspan="5">验收</td>
<td>验收申请单位</td>
<td colspan="2">国网××公司</td>
<td>负责人</td>
<td>×××</td>
<td>签字日期</td>
<td colspan="2">2018-6-6</td>
</tr>
<tr>
<td>验收组织单位</td>
<td colspan="7">国网××公司</td>
</tr>
<tr>
<td>验收意见</td>
<td colspan="7">经验收，整改措施已落实，满足 Q/GDW 1519—2014《配电网运维规程》6.2.3 "导线巡视的主要内容：导线有无断股、损伤、烧伤、腐蚀的痕迹，绑扎线有无脱落、开裂，连接线夹螺栓是否紧固、有无跑线现"的规定，表箱接户线老化安全隐患治理完成</td>
</tr>
<tr>
<td>结论</td>
<td colspan="3">验收合格，治理措施已按要求实施，同意注销</td>
<td>是否消除</td>
<td colspan="3">是</td>
</tr>
<tr>
<td>验收组长</td>
<td colspan="3">×××</td>
<td>验收日期</td>
<td colspan="3">2018-6-7</td>
</tr>
</table>

10.3.14 线杆护套缺失

一般隐患排查治理档案表

2018 年度 国网××公司

<table>
<tr><td rowspan="5">发现</td><td>隐患简题</td><td colspan="3">国网××公司 5 月 13 日，10kV×××线路 2 号杆拉线护套缺失隐患</td><td>隐患来源</td><td>日常巡视</td><td>隐患原因</td><td>人身安全隐患</td></tr>
<tr><td>隐患编号</td><td>国网××公司/
国网××公司
2018××××</td><td>隐患所在单位</td><td>国网××公司</td><td>专业分类</td><td>配电</td><td>详细分类</td><td>线杆护套缺失</td></tr>
<tr><td>发现人</td><td>×××</td><td>发现人单位</td><td>×××供电所</td><td>发现日期</td><td colspan="3">2018-5-15</td></tr>
<tr><td>事故隐患内容</td><td colspan="7">10kV×××线路 2 号杆紧邻交通道路，电杆拉线护套缺失，不满足 Q/GDW 434.2—2010《国家电网公司安全设施标准 第 2 部分：电力线路》7.1.1"安全防护设施用于防止外因引发的人身伤害，包括杆塔拉线、接地引下线、电缆防护套管及警示线、杆塔防撞警示线等装置和用具"的规定。由于该电杆位于路边，周围行人及车辆较多，光线不佳或夜间时，过往车辆和行人可能会误碰拉线，造成人员受伤，甚至会引起倒杆砸伤周围人员，可能造成《国家电网公司安全事故调查规程（2017 修正版）》2.1.2.8 定义的"无人员死亡和重伤，但造成 1～2 人轻伤者"的八级人身事件</td></tr>
<tr><td>可能导致后果</td><td colspan="4">可能造成人员碰伤或砸伤的八级人身事件</td><td>归属职能部门</td><td colspan="2">运维检修</td></tr>
<tr><td rowspan="2">预评估</td><td rowspan="2">预评估等级</td><td rowspan="2" colspan="2">一般隐患</td><td colspan="2">预评估负责人签名</td><td>×××</td><td>预评估负责人签名日期</td><td>2018-5-15</td></tr>
<tr><td colspan="2">工区领导审核签名</td><td>×××</td><td>工区领导审核签名日期</td><td>2018-5-16</td></tr>
<tr><td rowspan="2">评估</td><td rowspan="2">评估等级</td><td rowspan="2" colspan="2">一般隐患</td><td colspan="2">评估负责人签名</td><td>×××</td><td>评估负责人签名日期</td><td>2018-5-16</td></tr>
<tr><td colspan="2">评估领导审核签名</td><td>×××</td><td>评估领导审核签名日期</td><td>2018-5-17</td></tr>
<tr><td rowspan="7">治理</td><td>治理责任单位</td><td colspan="3">国网××公司</td><td colspan="2">治理责任人</td><td colspan="2">×××</td></tr>
<tr><td>治理期限</td><td>自</td><td colspan="2">2018-5-15</td><td>至</td><td colspan="3">2018-6-10</td></tr>
<tr><td>是否计划项目</td><td colspan="4">是否完成计划外备案</td><td>计划编号</td><td colspan="2"></td></tr>
<tr><td>防控措施</td><td colspan="7">（1）组织工作人员对该线路每周增加一次巡视，重点对该路段进行特巡，发现异常情况及时上报并处理。
（2）在拉线上安装临时警示标识，提醒周围车辆及行人注意安全，避让拉线。
（3）将该隐患列入整改治理计划，尽快完成整改工作。
（4）做好应急人员及车辆等准备工作，严防突发事件</td></tr>
<tr><td>治理完成情况</td><td colspan="7">针对该隐患，结合实际工作计划，于 2018 年 6 月 5 日对该拉线安装了拉线护套，已经满足 Q/GDW 434.2—2010《国家电网公司安全设施标准 第 2 部分：电力线路》7.1.1"安全防护设施用于防止外因引发的人身伤害，包括杆塔拉线、接地引下线、电缆防护套管及警示线、杆塔防撞警示线等装置和用具"的规定，该隐患治理完成</td></tr>
<tr><td colspan="3">隐患治理计划资金（万元）</td><td colspan="2">0.02</td><td colspan="2">累计落实隐患治理资金（万元）</td><td>0.00</td></tr>
<tr><td colspan="8"></td></tr>
<tr><td rowspan="4">验收</td><td>验收申请单位</td><td colspan="2">国网××公司</td><td>负责人</td><td colspan="2">×××</td><td>签字日期</td><td>2018-5-18</td></tr>
<tr><td>验收组织单位</td><td colspan="7">国网××公司</td></tr>
<tr><td>验收意见</td><td colspan="7">5 月 31 日，经设备管理部对国网××公司 2018××××号隐患进行现场验收，满足 Q/GDW 434.2—2010《国家电网公司安全设施标准 第 2 部分：电力线路》7.1.1"安全防护设施用于防止外因引发的人身伤害，包括杆塔拉线、接地引下线、电缆防护套管及警示线、杆塔防撞警示线等装置和用具"的规定，满足安全生产运行需要，隐患已消除</td></tr>
<tr><td>结论</td><td colspan="3">验收合格，治理措施已按要求实施，同意注销</td><td colspan="2">是否消除</td><td colspan="2">是</td></tr>
<tr><td></td><td>验收组长</td><td colspan="4">×××</td><td>验收日期</td><td colspan="2">2018-5-24</td></tr>
</table>

10.3.15 线路对地距离隐患

一般隐患排查治理档案表

发现	隐患简题	国网××公司 4 月 28 日，10kV×××线路×××分支 4～5 号杆之间导线对建筑物距离不足安全隐患			隐患来源	日常巡视	隐患原因	人身安全隐患
	隐患编号	国网××公司/国网××公司2018××××	隐患所在单位	国网××公司	专业分类	配电	详细分类	线路对地距离隐患
	发现人	×××	发现人单位	设备管理部	发现日期		2018-4-28	
	事故隐患内容	10kV×××线路×××分支 4～5 号杆之间导线为裸导线，跨越用户建筑物，导线与屋顶垂直距离不足 1m。不满足 Q/GDW 1519—2014《配电网运维规程》附录 C 表 C.3"架空线路与其他设施的安全距离限制：10kV 裸导线与建筑物最小垂直距离为 3.0m，10kV 绝缘导线与建筑物最小垂直距离为 2.5m"的规定，用户在建筑物顶部活动或施工时，容易碰触电线，同时若遇异常天气造成线路断线，容易引起人身触电事件的发生。可能造成《国家电网公司安全事故调查规程（2017 修正版）》2.1.2.8 定义的"无人身死亡和重伤，但造成 1～2 人轻伤者"的八级人身事件						
	可能导致后果	可能造成人员触电伤害的八级人身事件			归属职能部门		运维检修	
预评估	预评估等级	一般隐患	预评估负责人签名	×××	预评估负责人签名日期		2018-4-28	
			工区领导审核签名	×××	工区领导审核签名日期		2018-4-28	
评估	评估等级	一般隐患	评估负责人签名	×××	评估负责人签名日期		2018-4-28	
			评估领导审核签名	×××	评估领导审核签名日期		2018-4-28	
治理	治理责任单位	设备管理部		治理责任人		×××		
	治理期限	自	2018-4-28	至		2018-6-30		
	是否计划项目		是否完成计划外备案			计划编号		
	防控措施	（1）组织运维人员对所属 10kV×××线路×××分支 4～5 号杆之间导线加强巡视与检查力度，每周至少增加一次巡视，并周围设置安全警示牌。 （2）对该厂区负责人下达隐患通知单，并通过负责人告知其他工作人员，通知周围居民注意保持安全距离，发现问题后及时报告，尽量降低发生事故的可能性。 （3）做好应急人员、车辆及备品备件的准备工作，一旦发生故障立即组织抢修，恢复供电						
	治理完成情况	2018 年 5 月 31 日，对 10kV×××线路×××分支导线进行改入地电缆处理，满足 Q/GDW 1519—2014《配电网运维规程》附录 C 表 C.3"架空线路与其他设施的安全距离限制：10kV 裸导线与建筑物最小垂直距离为 3.0m，10kV 绝缘导线与建筑物最小垂直距离为 2.5m"的规定，隐患治理完成						
	隐患治理计划资金（万元）		0.00		累计落实隐患治理资金（万元）		0.00	
验收	验收申请单位	国网××公司	负责人	×××	签字日期		2018-5-31	
	验收组织单位	设备管理部						
	验收意见	经验收，已对 10kV×××线路×××分支 4～5 号杆之间导线进行改入地电缆处理，满足 Q/GDW 1519—2014《配电网运维规程》附录 C 表 C.3"架空线路与其他设施的安全距离限制：10kV 裸导线与建筑物最小垂直距离为 3.0m，10kV 绝缘导线与建筑物最小垂直距离为 2.5m"的规定，隐患已消除						
	结论	验收合格，治理措施已按要求实施，同意注销			是否消除		是	
	验收组长		×××		验收日期		2018-5-31	

10.3.16 线树矛盾

一般隐患排查治理档案表

国网××公司

发现	隐患简题	国网××公司 5 月 10 日，10kV×××线路×××支线 10 号杆线下树障隐患			隐患来源	日常巡视	隐患原因	电力安全隐患
	隐患编号	国网××公司/国网××公司 2018××××	隐患所在单位	国网××公司	专业分类	配电	详细分类	线树矛盾
	发现人	×××	发现人单位	×××供电所	发现日期		2018-5-10	
	事故隐患内容	国网××公司 10kV×××线路×××支线 10 号杆正上方有杨树 3 棵，树高约 4.8m，导线与树木间距离小于 1.5m，不满足 Q/GDW 1519—2014《配电网运维规程》表 C.3 规定"架空线路与其他设施的安全距离限制：10kV 架空线路与果树、经济作物、城市绿化、灌木之间的最小垂直距离 1.5m"的要求。大风天气时易引起摆动导致线路对地放电跳闸，该线路为×××铸造有限公司、×××镇卫生院等重要客户供电，可能造成《国家电网公司安全事故调查规程（2017 修正版）》2.3.7.1 定义的"造成 10 万元以上 20 万元以下直接经济损失者"的七级设备事件						
	可能导致后果	可能造成 10kV 线路跳闸产生直接经济损失的七级设备事件			归属职能部门		运维检修	
预评估	预评估等级	一般隐患	预评估负责人签名	×××	预评估负责人签名日期		2018-5-12	
			工区领导审核签名	×××	工区领导审核签名日期		2018-5-14	
评估	评估等级	一般隐患	评估负责人签名	×××	评估负责人签名日期		2018-5-14	
			评估领导审核签名	×××	评估领导审核签名日期		2018-5-14	
治理	治理责任单位	×××供电所		治理责任人		×××		
	治理期限	自	2018-5-14	至		2018-6-30		
	是否计划项目		是否完成计划外备案			计划编号		
	防控措施	×××供电所加强线路特殊巡视，积极制订治理方案对树木进行修剪、砍伐。对重要用户下达隐患通知书，做好备用线路倒负荷准备，同时加强护电宣传力度						
	治理完成情况	2018 年 5 月 25 日，国网××公司×××供电所对 10kV×××线路×××支线 10 号杆线下 3 棵树木进行了清理，满足 Q/GDW 1519—2014《配电网运维规程》表 C.3 规定"架空线路与其他设施的安全距离限制：10kV 架空线路与果树、经济作物、城市绿化、灌木之间的最小垂直距离 1.5m"的要求。该隐患已消除						
	隐患治理计划资金（万元）		0.00		累计落实隐患治理资金（万元）		0.00	
验收	验收申请单位	国网××公司	负责人	×××	签字日期		2018-5-28	
	验收组织单位	设备管理部						
	验收意见	经验收，国网××公司已对 10kV×××线路×××支线 10 号杆线下的树木进行了砍伐处理，满足 Q/GDW 1519—2014《配电网运维规程》表 C.3 规定"架空线路与其他设施的安全距离限制：10kV 架空线路与果树、经济作物、城市绿化、灌木之间的最小垂直距离 1.5m"的要求，隐患治理完成，验收合格						
	结论	验收合格，治理措施已按要求实施，同意注销			是否消除		是	
	验收组长	×××			验收日期		2018-5-28	

10.4 消防——消防设施

2018 年度　　　国网××公司

<table>
<tr><td rowspan="5">发现</td><td>隐患简题</td><td colspan="3">国网××公司 5 月 18 日，×××供电所办公楼未安装消防应急照明和疏散指示标志的安全隐患</td><td>隐患来源</td><td>安全检查</td><td>隐患原因</td><td>人身安全隐患</td></tr>
<tr><td>隐患编号</td><td>国网××公司 2018××××</td><td>隐患所在单位</td><td>×××供电所</td><td>专业分类</td><td>消防</td><td>详细分类</td><td>消防设施</td></tr>
<tr><td>发现人</td><td>×××</td><td>发现人单位</td><td>×××供电所</td><td>发现日期</td><td colspan="3">2018-5-18</td></tr>
<tr><td>事故隐患内容</td><td colspan="7">×××供电所办公楼未安装消防应急照明灯具及疏散指示标志灯，不满足 GB 50016—2014《建筑设计防火规范（2018 年版）》中规定的"安全出口和疏散门的正上方应采用'安全出口'为指示标识，沿疏散走道设置的灯光疏散指示标志"的要求，在发生火灾时疏散逃生人员会失去应急照明和疏散逃生的正确方向，导致不能及时疏散人员发生人员烧伤事故，可能造成《国家电网公司安全事故调查规程（2017 修正版）》2.1.2.8 定义的"无人员死亡和重伤，但造成 1～2 人轻伤者"的八级人身事件</td></tr>
<tr><td>可能导致后果</td><td colspan="4">可能造成人员伤害的八级人身事件</td><td colspan="2">归属职能部门</td><td>保卫</td></tr>
<tr><td rowspan="2">预评估</td><td rowspan="2">预评估等级</td><td rowspan="2" colspan="3">一般隐患</td><td colspan="2">预评估负责人签名</td><td>×××</td><td>预评估负责人签名日期</td><td>2018-5-18</td></tr>
<tr><td colspan="2">工区领导审核签名</td><td>×××</td><td>工区领导审核签名日期</td><td>2018-5-18</td></tr>
<tr><td rowspan="2">评估</td><td rowspan="2">评估等级</td><td rowspan="2" colspan="3">一般隐患</td><td colspan="2">评估负责人签名</td><td>×××</td><td>评估负责人签名日期</td><td>2018-5-18</td></tr>
<tr><td colspan="2">评估领导审核签名</td><td>×××</td><td>评估领导审核签名日期</td><td>2018-5-18</td></tr>
<tr><td rowspan="6">治理</td><td>治理责任单位</td><td colspan="3">×××供电所</td><td colspan="2">治理责任人</td><td colspan="2">×××</td></tr>
<tr><td>治理期限</td><td>自</td><td colspan="2">2018-5-18</td><td colspan="2">至</td><td colspan="2">2018-7-30</td></tr>
<tr><td>是否计划项目</td><td></td><td colspan="3">是否完成计划外备案</td><td colspan="2">计划编号</td><td></td></tr>
<tr><td>防控措施</td><td colspan="7">(1) 供电所设置临时应急照明和疏散指示标志。
(2) 消防员绘制疏散通道指引图，告知所内全体人员学习，熟悉疏散通道位置。
(3) ×××供电所要做好突发事件的应急措施，做好人员、车辆、物资的应急准备。
(4) 将该隐患列入整改计划，尽快完成整改工作</td></tr>
<tr><td>治理完成情况</td><td colspan="7">2018 年 5 月 18 日，供电所及时上报后勤部门。5 月 22 日，沟通装修人员签订施工协议。5 月 29 日，施工人员对×××供电所办公楼安装应急照明灯具及疏散指示灯，满足 GB 50016—2014《建筑设计防火规范（2018 年版）》中规定的"安全出口和疏散门的正上方应采用'安全出口'为指示标识，沿疏散走道设置的灯光疏散指示标志"的要求，隐患已治理完成</td></tr>
<tr><td colspan="4">隐患治理计划资金（万元）</td><td colspan="2">0.00</td><td>累计落实隐患治理资金（万元）</td><td>0.00</td></tr>
<tr><td rowspan="4">验收</td><td>验收申请单位</td><td colspan="2">×××供电所</td><td>负责人</td><td colspan="2">×××</td><td>签字日期</td><td>2018-5-30</td></tr>
<tr><td>验收组织单位</td><td colspan="7">国网××公司</td></tr>
<tr><td>验收意见</td><td colspan="7">经验收，已对×××供电所办公楼安装应急照明灯具及疏散指示灯，满足 GB 50016—2014《建筑设计防火规范（2018 年版）》11.3.4 规定的"安全出口和疏散门的正上方应采用'安全出口'为指示标识，沿疏散走道设置的灯光疏散指示标志"的要求，隐患已治理完成</td></tr>
<tr><td>结论</td><td colspan="4">验收合格，治理措施已按要求实施，同意注销</td><td>是否消除</td><td colspan="2">是</td></tr>
<tr><td>验收组长</td><td colspan="4">×××</td><td>验收日期</td><td colspan="2">2018-5-30</td></tr>
</table>

一般隐患排查治理档案表（2）

发现	隐患简题	国网××公司 5 月 17 日，35kV×××变电站消防沙池沙子不充足安全隐患			隐患来源	日常巡视	隐患原因	其他事故隐患
	隐患编号	国网××公司 2018××××	隐患所在单位	国网××公司	专业分类	消防	详细分类	消防设施
	发现人	×××	发现人单位	变电运维班	发现日期	2018-5-17		
	事故隐患内容	35kV×××变电站的消防沙池内的沙子不充足，存储量不足沙池一半，不满足《国家电网公司变电运维管理规定（试行）》［国网（运检/3）828—2017］中《第 26 分册　辅助设施运维细则》1.1.7 "消防砂池（箱）砂子应充足、干燥"的要求。消防沙池沙子不充足，当设备或其他地方发生起火时，可能无法及时将着火部位进行扑灭，引发火灾事故，可能造成《国家电网公司安全事故调查规程（2017 修正版）》2.3.7.6 定义的"发生火灾"的七级设备事件						
	可能导致后果	可能造成火灾的七级设备事件			归属职能部门			运维检修
预评估	预评估等级	一般隐患	预评估负责人签名	×××	预评估负责人签名日期			2018-5-17
			工区领导审核签名	×××	工区领导审核签名日期			2018-5-18
评估	评估等级	一般隐患	评估负责人签名	×××	评估负责人签名日期			2018-5-18
			评估领导审核签名	×××	评估领导审核签名日期			2018-5-18
治理	治理责任单位	国网××公司		治理责任人		×××		
	治理期限	自	2018-5-17	至		2018-6-30		
	是否计划项目		是否完成计划外备案		计划编号			
	防控措施	（1）组织运维人员对该变电站每周巡视至少 2 次，重点检查有无火灾隐患，发现问题及时上报并处理。 （2）在变电站砂池旁边临时存在适量干燥的细沙，必要时代替沙子使用，并在周围设置警示标识，提醒周围人员。 （3）将该隐患列入整改计划，尽快完成整改治理。 （4）做好消防突发事件的应急措施，做好人员、车辆、物资的应急准备						
	治理完成情况	2018 年 5 月 29 日，对 35kV×××变电站的消防沙池内的沙子进行了补充，满足《国家电网公司变电运维管理规定（试行）》［国网（运检/3）828—2017］中《第 26 分册　辅助设施运维细则》1.1.7 "消防砂池（箱）砂子应充足、干燥"的要求，隐患治理完成						
	隐患治理计划资金（万元）		0.00		累计落实隐患治理资金（万元）		0.00	
验收	验收申请单位	国网××公司		负责人	×××	签字日期		2018-5-29
	验收组织单位	国网××公司						
	验收意见	经验收，已对 35kV×××变电站的消防沙池内的沙子进行了补充，满足《国家电网公司变电运维管理规定（试行）》［国网（运检/3）828—2017］中《第 26 分册　辅助设施运维细则》1.1.7 "消防砂池（箱）砂子应充足、干燥"的要求，隐患治理完成						
	结论	验收合格，治理措施已按要求实施，同意注销			是否消除		是	
	验收组长	×××			验收日期		2018-5-29	

一般隐患排查治理档案表（3）

发现	隐患简题	国网××公司 4 月 12 日，办公大楼四楼西侧灭火器和安全标示缺失隐患			隐患来源	日常巡视	隐患原因	设备设施隐患
	隐患编号	国网××公司2018××××	隐患所在单位	国网××公司	专业分类	消防	详细分类	消防设施
	发现人	×××	发现人单位	安全监察部	发现日期		2018-4-12	
	事故隐患内容	国网××公司办公大楼四楼西侧灭火器箱内一处灭火器缺失，且消防通道安全标识不完善，未设立逃生指示标识，不满足 DL 5027—2015《电力设备典型消防规程》4.0.1.5"电力生产设备或场所应配置必要的消防设施，现场消防设施不得移作他用"的要求。如火灾发生时，无法及时有效进行灭火和正确疏散人员逃生，从而对生产、办公场所造成损失，可能造成《国家电网公司安全事故调查规程（2017 修正版）》2.3.7.6 定义的"发生火灾"的七级设备事件						
	可能导致后果	可能导致发生火灾的七级设备事件			归属职能部门		运维检修	
预评估	预评估等级	一般隐患	预评估负责人签名	×××	预评估负责人签名日期		2018-4-12	
			工区领导审核签名	×××	工区领导审核签名日期		2018-4-17	
评估	评估等级	一般隐患	评估负责人签名	×××	评估负责人签名日期		2018-4-17	
			评估领导审核签名	×××	评估领导审核签名日期		2018-4-17	
治理	治理责任单位	国网××公司		治理责任人		×××		
	治理期限	自	2018-4-17	至		2018-5-31		
	是否计划项目		是否完成计划外备案			计划编号		
	防控措施	(1) 综服中心立即采购缺失灭火器。 (2) 配合消防安装厂家对消防标识牌进行制作安装。 (3) 加强员工消防安全意识培训，组织应急疏散演练。						
	治理完成情况	5 月 8 日上午 10 点，安全监察部来到办公大楼四楼西侧进行消防隐患治理工作，先将购置好的新灭火器放置到灭火器箱内缺失部位，然后将消防通道逃生指示标识进行安装，隐患处理完成后，对该楼层消防负责人进行了消防安全教育，保证其消防设施齐备、完好可用。满足 DL 5027—2015《电力设备典型消防规程》4.0.1.5"电力生产设备或场所应配置必要的消防设施，现场消防设施不得移作他用"的要求。办公大楼四楼西侧灭火器和安全标示缺失隐患已处理						
	隐患治理计划资金（万元）		0.00		累计落实隐患治理资金（万元）		0.00	
验收	验收申请单位	国网××公司	负责人	×××	签字日期		2018-5-9	
	验收组织单位	安全监察部						
	验收意见	经验收，国网××公司已对办公大楼四楼西侧灭火器进行补充，对安全标示进行安装处理，满足 DL 5027—2015《电力设备典型消防规程》4.0.1.5 规定的"电力生产设备或场所应配置必要的消防设施，现场消防设施不得移作他用"的要求。办公大楼四楼西侧灭火器和安全标示缺失隐患已处理，验收合格						
	结论	验收合格，治理措施已按要求实施，同意注销			是否消除		是	
	验收组长	×××			验收日期		2018-5-10	

10.5 电网规划——负荷超载

一般隐患排查治理档案表（1）

2018 年度 国网××公司

<table>
<tr><td rowspan="5">发现</td><td>隐患简题</td><td colspan="3">国网××公司6月13日，10kV×××线×××公用变压器过载运行安全隐患</td><td>隐患来源</td><td>安全检查</td><td>隐患原因</td><td>其他事故隐患</td></tr>
<tr><td>隐患编号</td><td>国网××公司
2018××××</td><td>隐患所在单位</td><td>配电运检室</td><td>专业分类</td><td>电网规划</td><td>详细分类</td><td>负荷超载</td></tr>
<tr><td>发现人</td><td>×××</td><td>发现人单位</td><td>配电运检室</td><td>发现日期</td><td colspan="3">2018-6-13</td></tr>
<tr><td>事故隐患内容</td><td colspan="7">10kV×××线×××公用变压器于2017年投运，生产厂家：山东泰开高压电气有限公司；变压器容量：400kVA；近期检查发现多次出现过载运行情况，最大负荷超过418kW，负载率超过1.05%，持续时间超过2h。不满足Q/GDW 1519—2014《配电网运维规程》6.7“配电变压器的巡视：g）变压器有无异常声音，是否存在重载、超载现象”的规定。目前正逐步进入迎峰度夏关键期，该变压器负荷还将明显增长，过载运行情况将进一步加重，变压器重载运行将引起本体过热，加速绝缘油和其他绝缘部件老化，甚至导致绝缘油或绝缘部件击穿，损毁变压器，可能造成《国家电网公司安全事故调查规程（2017修正版）》2.3.7.1定义的“造成10万元以上20万元以下直接经济损失者”的七级设备事件</td></tr>
<tr><td>可能导致后果</td><td colspan="3">七级设备事件</td><td>归属职能部门</td><td colspan="3">运维检修</td></tr>
<tr><td rowspan="2">预评估</td><td rowspan="2">预评估等级</td><td rowspan="2">一般隐患</td><td>预评估负责人签名</td><td>×××</td><td>预评估负责人签名日期</td><td colspan="3">2018-6-15</td></tr>
<tr><td>工区领导审核签名</td><td>×××</td><td>工区领导审核签名日期</td><td colspan="3">2018-6-15</td></tr>
<tr><td rowspan="2">评估</td><td rowspan="2">评估等级</td><td rowspan="2">一般隐患</td><td>评估负责人签名</td><td>×××</td><td>评估负责人签名日期</td><td colspan="3">2018-6-15</td></tr>
<tr><td>评估领导审核签名</td><td>×××</td><td>评估领导审核签名日期</td><td colspan="3">2018-6-15</td></tr>
<tr><td rowspan="6">治理</td><td>治理责任单位</td><td colspan="2">配电运检室</td><td>治理责任人</td><td colspan="4">×××</td></tr>
<tr><td>治理期限</td><td>自</td><td>2018-6-15</td><td>至</td><td colspan="4">2018-12-31</td></tr>
<tr><td>是否计划项目</td><td></td><td colspan="2">是否完成计划外备案</td><td></td><td>计划编号</td><td colspan="2"></td></tr>
<tr><td>防控措施</td><td colspan="7">（1）加强对该变压器运行负荷情况的监测，必要时限供负荷。
（2）由运维单位每周增加一次巡视，检查变压器有无漏油等异常情况，重点关注红外测温结果，发现主变压器异常及时上报。
（3）由配电运检室做好人员、物资、车辆等应急抢修的准备工作，一旦发生变压器故障损毁，尽快完成更换抢修工作并恢复供电</td></tr>
<tr><td>治理完成情况</td><td colspan="7">2018年6月25日，根据当时负荷情况，将负荷较重的A项所带用户向B项和C项分出部分负荷，满足Q/GDW 1519—2014《配电网运维规程》6.7“配电变压器的巡视：g）变压器有无异常声音，是否存在重载、超载现象”的规定。公用变压器过载运行安全隐患治理完成</td></tr>
<tr><td colspan="2">隐患治理计划资金（万元）</td><td colspan="2">0.00</td><td colspan="2">累计落实隐患治理资金（万元）</td><td colspan="2">0.00</td></tr>
<tr><td rowspan="5">验收</td><td>验收申请单位</td><td>国网××公司</td><td>负责人</td><td>×××</td><td>签字日期</td><td colspan="3">2018-6-26</td></tr>
<tr><td>验收组织单位</td><td colspan="7">配电运检室</td></tr>
<tr><td>验收意见</td><td colspan="7">经验收，该处隐患整改措施已落实，满足Q/GDW 1519—2014《配电网维行规程》6.7“配电变压器的巡视：g）变压器有无异常声音，是否存在重载、超载现象”的要求，公用变压器过载运行安全隐患已治理完成</td></tr>
<tr><td>结论</td><td colspan="3">验收合格，治理措施已按要求实施，同意注销</td><td>是否消除</td><td colspan="3">是</td></tr>
<tr><td>验收组长</td><td colspan="3">×××</td><td>验收日期</td><td colspan="3">2018-6-26</td></tr>
</table>

2018 年度　　国网××公司

发现	隐患简题	国网××公司 6 月 9 日，35kV×××变电站 1 号主变压器和 2 号主变压器重载运行的安全隐患			隐患来源	电网隐患	隐患原因	其他事故隐患
	隐患编号	国网××公司/国网××公司2018××××	隐患所在单位	国网××公司	专业分类	电网规划	详细分类	负荷超载
	发现人	×××	发现人单位	发展基建部	发现日期	2018-6-9		
	事故隐患内容	×××变电站于 1986 年 12 月建成投运，现有 1 号和 2 号主变压器两台，经过 2012 年增容改造工程后，目前 35kV×××站主变压器容量 5＋10MVA，截至 2018 年 6 月初，该站最大负荷已达到 13.46MW，负载率超过 89％，持续时间超过 2h，随着夏季用电增长，两台主变压器的重载情况还会进一步加剧。若其中一台主变压器故障跳闸，另外一台主变压器难以满足一、二级负荷用电要求。不满足 GB 50059—2011《35kV～110kV 变电站设计规范》3.1.3 "装有两台及以上主变压器的变电站，当断开一台主变压器时，其余主变压器的容量（包括过负荷能力）应满足全部一、二级负荷用电的要求"的规定。变压器重载运行将引起本体过热，加速绝缘油和其他绝缘部件老化，甚至导致绝缘油或绝缘部件击穿，引发主变压器跳闸事故。同时由于逐渐进入迎峰度夏用电高峰期，两台主变压器重载问题将进一步加剧，一旦其中一台主变压器跳闸，另外一台主变压器不能承担全部负荷，可能造成《国家电网公司安全事故调查规程（2017 修正版）》2.2.7.1 定义的"35kV 以上输变电设备异常运行或被迫停止运行，并造成减供负荷者"的七级电网事件						
	可能导致后果	七级电网事件			归属职能部门		运维检修	
预评估	预评估等级	一般隐患	预评估负责人签名	×××	预评估负责人签名日期	2018-6-9		
			工区领导审核签名	×××	工区领导审核签名日期	2018-6-9		
评估	评估等级	一般隐患	评估负责人签名	×××	评估负责人签名日期	2018-6-9		
			评估领导审核签名	×××	评估领导审核签名日期	2018-6-11		
治理	治理责任单位	国网××公司		治理责任人		×××		
	治理期限	自	2018-6-9	至		2018-7-31		
	是否计划项目		是否完成计划外备案			计划编号		
	防控措施	（1）由设备管理部组织每周增加一次特殊巡视，重点对 35kV 变电站大负荷期间运行状态加强巡视与检查力度，结合红外测温，关注是否存在过热缺陷，发现异常情况及时上报。 （2）调控中心对负荷情况加强监视，尤其是早中晚用电高峰，优化负荷分配，尽量减轻重载情况。 （3）供电所、运维检修试验工区及调控中心做好突发事件的应急准备						
	治理完成情况	按照计划安排，于 2018 年 6 月 25 日安装 3 号主变压器容量 10000kVA，满足 GB 50059—2011《35kV～110kV 变电站设计规范》3.1.3 "装有两台及以上主变压器的变电站，当断开一台主变压器时，其余主变压器的容量（包括过负荷能力）应满足全部一、二级负荷用电的要求"的规定。变电站 1 号主变压器和 2 号主变压器重载运行的安全隐患已处理						
	隐患治理计划资金（万元）	0.00		累计落实隐患治理资金（万元）		0.00		
验收	验收申请单位	国网××公司	负责人	×××	签字日期	2018-6-25		
	验收组织单位	设备管理部						
	验收意见	现场由两台主变压器增加一台容量 10000kVA，满足 GB 50059—2011《35kV～110kV 变电站设计规范》3.1.3 "装有两台及以上主变压器的变电站，当断开一台主变压器时，其余主变压器的容量（包括过负荷能力）应满足全部一、二级负荷用电的要求"的规定。变电站 1 号主变压器和 2 号主变压器重载运行的安全隐患已处理						
	结论	验收合格，治理措施已按要求实施，同意注销			是否消除		是	
	验收组长	×××			验收日期	2018-6-25		

一般隐患排查治理档案表（3）

	隐患简题	国网××公司 5 月 15 日，10kV×××线存在过负荷隐患			隐患来源	专项监督	隐患原因	设备设施隐患
发现	隐患编号	国网××公司/ 国网××公司 2018××××	隐患所在单位	国网××公司	专业分类	电网规划	详细分类	负荷超载
	发现人	×××	发现人单位	国网××公司	发现日期		2018-5-15	
	事故隐患内容	随着业扩工程新增配变的不断增加，配变接入容量越来越大，35kV×××站 10kV×××线路最大负荷率达到了 107%以上，存在过负荷隐患，线路故障跳闸增多，严重影响供电区域内居民生活用电，不满足 GB 50059—2011《35kV～110kV 变电站设计规范》3.1.3 "装有两台及以上主变压器的变电站，当断开一台主变压器时，其余主变压器的容量（包括过负荷能力）应满足全部一、二级负荷用电的要求"的规定。此线路带×××镇政府、镇卫生院等重要用户，可能造成部分重要用户停电，构成《国家电网公司安全事故调查规程（2017 修正版）》2.2.7.8 定义的"地市级以上地方人民政府有关部门确定的临时性重要电力用户电网侧供电全部中断"的七级电网事件						
	可能导致后果	七级电网事件			归属职能部门		发展策划	
预评估	预评估等级	一般隐患	预评估负责人签名	×××	预评估负责人签名日期		2018-5-15	
			工区领导审核签名	×××	工区领导审核签名日期		2018-5-15	
评估	评估等级	一般隐患	评估负责人签名	×××	评估负责人签名日期		2018-5-15	
			评估领导审核签名	×××	评估领导审核签名日期		2018-5-16	
治理	治理责任单位	国网××公司		治理责任人		×××		
	治理期限	自	2018-5-15	至		2018-6-15		
	是否计划项目		是否完成计划外备案			计划编号		
	防控措施	（1）调控中心加强运行监视，做好 35kV×××站 10kV×××线路故障事故预案。 （2）通知供电所告知相关用户合理安排生产生活用电，做好停电自保措施。 （3）制订计划，改造线路。						
	治理完成情况	6 月 14 日，×××供电所组织×××、×××、×××等人对 10kV×××线进行了线路切改，满足 GB 50059—2011《35kV～110kV 变电站设计规范》3.1.3 "装有两台及以上主变压器的变电站，当断开一台主变压器时，其余主变压器的容量（包括过负荷能力）应满足全部一、二级负荷用电的要求"的规定。存在过负荷隐患已处理						
	隐患治理计划资金（万元）	25.50			累计落实隐患治理资金（万元）		25.50	
验收	验收申请单位	国网××公司		负责人	×××	签字日期	2018-6-14	
	验收组织单位	国网××公司						
	验收意见	隐患已消除，满足 GB 50059—2011《35kV～110kV 变电站设计规范》3.1.3 "装有两台及以上主变压器的变电站，当断开一台主变压器时，其余主变压器的容量（包括过负荷能力）应满足全部一、二级负荷用电的要求"的规定。存在过负荷隐患已处理						
	结论	验收合格，治理措施已按要求实施，同意注销			是否消除		是	
	验收组长	×××			验收日期		2018-6-14	

一般隐患排查治理档案表（4）

<table>
<tr><td rowspan="5">发现</td><td>隐患简题</td><td colspan="3">国网××公司 5 月 14 日，35kV×××站 10kV×××线存在过负荷隐患</td><td>隐患来源</td><td>专项监督</td><td>隐患原因</td><td>设备设施隐患</td></tr>
<tr><td>隐患编号</td><td>国网××公司/
国网××公司
2018××××</td><td>隐患所在单位</td><td>国网××公司</td><td>专业分类</td><td>电网规划</td><td>详细分类</td><td>负荷超载</td></tr>
<tr><td>发现人</td><td>×××</td><td>发现人单位</td><td>国网××公司</td><td>发现日期</td><td colspan="3">2018-5-14</td></tr>
<tr><td>事故隐患内容</td><td colspan="7">随着业扩工程新增配变的不断增加，配变接入容量越来越大，35kV×××站 10kV×××线路最大负荷率达到了 108% 以上，存在过负荷隐患，线路故障跳闸增多，严重影响供电区域内居民生活用电，此线路带×××镇政府、镇卫生院、信用社等重要用户，不满足 DL/T 5729—2016《配电网规划设计技术导则》4.2.2 规定的"近期规划应着重解决配电网当前存在的主要问题，提高供电能力和可靠性，满足负荷需要"的要求。可能造成×××村内部分重要用户停电，构成《国家电网公司安全事故调查规程（2017 修正版）》2.2.7.8 定义的"地市级以上地方人民政府有关部门确定的临时性重要电力用户电网侧供电全部中断"的七级电网事件</td></tr>
<tr><td>可能导致后果</td><td colspan="4">七级电网事件</td><td colspan="2">归属职能部门</td><td>发展策划</td></tr>
<tr><td rowspan="2">预评估</td><td rowspan="2">预评估等级</td><td rowspan="2" colspan="2">一般隐患</td><td colspan="3">预评估负责人签名</td><td>×××</td><td>预评估负责人签名日期</td><td>2018-5-14</td></tr>
<tr><td colspan="3">工区领导审核签名</td><td>×××</td><td>工区领导审核签名日期</td><td>2018-5-14</td></tr>
<tr><td rowspan="2">评估</td><td rowspan="2">评估等级</td><td rowspan="2" colspan="2">一般隐患</td><td colspan="3">评估负责人签名</td><td>×××</td><td>评估负责人签名日期</td><td>2018-5-14</td></tr>
<tr><td colspan="3">评估领导审核签名</td><td>×××</td><td>评估领导审核签名日期</td><td>2018-5-14</td></tr>
<tr><td rowspan="6">治理</td><td>治理责任单位</td><td colspan="3">国网××公司</td><td colspan="2">治理责任人</td><td colspan="2">×××</td></tr>
<tr><td>治理期限</td><td>自</td><td colspan="2">2018-5-14</td><td>至</td><td colspan="3">2018-6-14</td></tr>
<tr><td>是否计划项目</td><td colspan="5">是否完成计划外备案</td><td colspan="2">计划编号</td></tr>
<tr><td>防控措施</td><td colspan="7">（1）调控中心加强运行监视，做好 35kV×××站 10kV×××线路故障事故预案。
（2）通知供所告知相关用户合理安排生产生活用电，做好停电自保措施。
（3）制订计划，改造线路</td></tr>
<tr><td>治理完成情况</td><td colspan="7">国网××公司于 5 月 23 日对 10kV×××线进行了全面改造治理工作，目前已经满足 DL/T 5729—2016《配电网规划设计技术导则》4.2.2 规定的"近期规划应着重解决配电网当前存在的主要问题，提高供电能力和可靠性，满足负荷需要"的要求，存在过负荷隐患已处理，特申请验收销号</td></tr>
<tr><td colspan="4">隐患治理计划资金（万元）</td><td colspan="2">110.80</td><td>累计落实隐患治理资金（万元）</td><td>110.80</td></tr>
<tr><td rowspan="5">验收</td><td>验收申请单位</td><td colspan="3">国网××公司</td><td>负责人</td><td>×××</td><td>签字日期</td><td>2018-5-23</td></tr>
<tr><td>验收组织单位</td><td colspan="7">国网××公司</td></tr>
<tr><td>验收意见</td><td colspan="7">国网××公司已对 10kV×××线进行了全面改造治理工作，目前已经满足 DL/T 5729—2016《配电网规划设计技术导则》4.2.2 规定的"近期规划应着重解决配电网当前存在的主要问题，提高供电能力和可靠性，满足负荷需要"的要求。存在过负荷隐患已处理，隐患已消除，验收通过</td></tr>
<tr><td>结论</td><td colspan="4">验收合格，治理措施已按要求实施，同意注销</td><td>是否消除</td><td colspan="2">是</td></tr>
<tr><td>验收组长</td><td colspan="4">×××</td><td>验收日期</td><td colspan="2">2018-5-23</td></tr>
</table>

一般隐患排查治理档案表（5）

发现	隐患简题	国网××公司 4 月 23 日，35kV×××站 2 号主变压器容量不足隐患			隐患来源	电网方式分析	隐患原因	设备设施隐患
	隐患编号	国网××公司/国网××公司2018×××	隐患所在单位	国网××公司	专业分类	电网规划	详细分类	负荷超载
	发现人	×××	发现人单位	国网××公司	发现日期		2018-4-23	
	事故隐患内容	国网××公司 35kV×××站 2 号主变压器投运于 2009 年，主变压器容量为 6300kVA，随着业扩程以及居民生活水平的提高，新增配变的不断增加，配变接入容量越来越大，2 号主变压器长期存在过负荷运行现象，容量已严重不足，不满足《国家电网有限公司十八项电网重大反事故措施（2018 年修订版）及编制说明》2.2.1.3 规定的"规划电网应考虑留有一定的裕度，为电网安全稳定运行和电力市场的发展等提供物质基础，以提供更大范围的资源优化配置的能力，满足经济发展的需求"。该主变压器存在过负荷隐患，严重影响供电区域内居民生活用电，可能造成学校、乡镇医院等重要用户停电，构成《国家电网公司安全事故调查规程（2017 修正版）》2.2.7.8 定义的"地市级以上地方人民政府有关部门确定的临时性重要电力用户电网侧供电全部中断"的七级电网事件						
	可能导致后果	七级电网事件			归属职能部门		运维检修	
预评估	预评估等级	一般隐患	预评估负责人签名	×××	预评估负责人签名日期		2018-4-23	
			工区领导审核签名	×××	工区领导审核签名日期		2018-4-23	
评估	评估等级	一般隐患	评估负责人签名	×××	评估负责人签名日期		2018-4-23	
			评估领导审核签名	×××	评估领导审核签名日期		2018-4-24	
治理	治理责任单位	国网××公司		治理责任人		×××		
	治理期限	自	2018-4-23	至		2018-5-31		
	是否计划项目		是否完成计划外备案			计划编号		
	防控措施	（1）调控中心加强运行监视。 （2）做好 35kV×××站 2 号主变压器停电事故预案。 （3）通知供电所告知相关用户合理安排生产生活用电，做好停电自保措施						
	治理完成情况	检修试验班已于 2018 年 4 月 27 日将 35kV×××站 2 号主变压器换为容量为 10000kVA 的变压器，满足《国家电网有限公司十八项电网重大反事故措施（2018 年修订版）及编制说明》2.2.1.3 规定的"规划电网应考虑留有一定的裕度，为电网安全稳定运行和电力市场的发展等提供物质基础，以提供更大范围的资源优化配置的能力，满足经济发展的需求"，主变容量不足隐患已处理，申请验收销号						
	隐患治理计划资金（万元）		40.00		累计落实隐患治理资金（万元）		40.00	
验收	验收申请单位	国网××公司	负责人	×××	签字日期		2018-5-3	
	验收组织单位	国网××公司						
	验收意见	经验收，满足《国家电网有限公司十八项电网重大反事故措施（2018 年修订版）及编制说明》2.2.1.3 规定的"规划电网应考虑留有一定的裕度，为电网安全稳定运行和电力市场的发展等提供物质基础，以提供更大范围的资源优化配置的能力，满足经济发展的需求"，主变压器容量不足隐患已处理，验收合格						
	结论	验收合格，治理措施已按要求实施，同意注销			是否消除		是	
	验收组长	×××			验收日期		2018-5-3	

10.6 调度及二次系统
10.6.1 保护及自动装置

一般隐患排查治理档案表（1）

发现	隐患简题	国网××公司 6 月 13 日，220kV×××站 110kV×××线 131 间隔保护装置老化严重安全隐患			隐患来源	安全检查	隐患原因	设备设施隐患
	隐患编号	国网××公司 2018×××	隐患所在单位	检修试验室	专业分类	调度及二次系统	详细分类	保护及自动装置
	发现人	×××	发现人单位	二次检修二班	发现日期			2018-6-13
	事故隐患内容	220kV×××站 110kV×××线 131 间隔含断路器、电流互感器等变电主设备，其保护装置 2005 年投运，型号为 RCS-941AM。该保护装置运行年限达 13 年，设备老化，经常出现保护设备通信运行不稳定、通信中断、电源件等插件脱落等现象。不满足 DL/T 587—2016《继电保护和安全自动装置运行管理规程》中"微机继电保护装置的使用年限一般不低于 12 年，对于运行不稳定，工作环境恶劣的微机继电保护装置可以运行情况适当缩短使用年限"的规定。装置老化严重影响正常保护功能，可能因保护装置故障退出运行造成 110kV 主设备和线路无保护运行。可能造成《国家电网公司安全事故调查规程（2017 修正版）》2.2.7.7 定义的"110kV（含 66kV）变压器等主设备无主保护或线路无保护运行"的七级电网事件						
	可能导致后果	可能造成 110kV 主设备和线路无保护运行的七级电网事件			归属职能部门		调度	
预评估	预评估等级	一般隐患	预评估负责人签名	×××	预评估负责人签名日期		2018-6-14	
			工区领导审核签名	×××	工区领导审核签名日期		2018-6-14	
评估	评估等级	一般隐患	评估负责人签名	×××	评估负责人签名日期		2018-6-15	
			评估领导审核签名	×××	评估领导审核签名日期		2018-6-15	
治理	治理责任单位	检修试验室		治理责任人		×××		
	治理期限	自	2018-6-15	至		2018-12-31		
	是否计划项目		是否完成计划外备案			计划编号		
	防控措施	(1) 组织运维人员对该间隔加强巡视检查力度，每周至少一次，重点关注设备有无异常现象和信号，发现问题及时上报。 (2) 安排调控中心监控班加强监控力度，一旦发现 131 运行异常，立即告知运维人员和检修人员进行现场核实。 (3) 组织输电专业工作人员加强 110kV×××线的巡视，每周至少一次，并在大负荷下增加次数，发现问题及时处理并上报。 (4) 做好该间隔保护装置突发故障停运的应急准备工作，备好备品备件，严防突发事件						
	治理完成情况	2018 年 6 月，变电检修试验室对 220kV×××站 110kV×××线 131 间隔保护装置进行了更换，设备运行良好，传动正常，未再发生保护设备通信运行不稳定、通信中断、电源件等插件脱落等现象，满足 DL/T 587—2016《继电保护和安全自动装置运行管理规程》中"微机继电保护装置的使用年限一般不低于 12 年，对于运行不稳定，工作环境恶劣的微机继电保护装置可以运行情况适当缩短使用年限"的规定，220kV×××站 110kV×××线 131 间隔保护装置老化严重安全隐患治理完成，申请验收销号						
	隐患治理计划资金（万元）		0.00		累计落实隐患治理资金（万元）		0.00	
验收	验收申请单位	国网××公司	负责人	×××	签字日期		2018-6-25	
	验收组织单位	调控中心						
	验收意见	经验收，变电检修试验室已对 220kV×××站 110kV×××线 131 间隔保护装置进行了更换，设备运行良好，传动正常，未再发生保护设备通信运行不稳定、通信中断、电源件等插件脱落等现象，满足 DL/T 587—2016《继电保护和安全自动装置运行管理规程》中"微机继电保护装置的使用年限一般不低于 12 年，对于运行不稳定，工作环境恶劣的微机继电保护装置可以运行情况适当缩短使用年限"的规定，220kV×××站 110kV×××线 131 间隔保护装置老化严重安全隐患治理完成						
	结论	验收合格，治理措施已按要求实施，同意注销			是否消除		是	
	验收组长	×××			验收日期		2018-6-26	

2018 年度

国网××公司

					隐患来源	安全检查	隐患原因	设备设施隐患
发现	隐患简题	国网××公司 5 月 4 日，500kV×××变电站 500kV×××线 MCD-H1 保护装置老化安全隐患						
	隐患编号	国网××公司 2018××××	隐患所在单位	变电检修中心	专业分类	调度及二次系统	详细分类	保护及自动装置
	发现人	×××	发现人单位	变电二次运检二班	发现日期		2018-5-4	
	事故隐患内容	500kV×××变电站 500kV×××线 MCD-H1 保护装置运行已 15 年，超过运行年限，线路保护均采用 64K 通道方式，进口保护 MCD-H1 装置元器件老化，存在安全隐患，并且 MCD-H1 保护为三菱厂家生产，保护通信插件易损坏，备件的生产周期较长，设备维护成本较高，不利于设备的日常维护。线路发生故障时容易造成设备停电范围扩大，减供负荷。不满足《防止电力生产事故的二十五项重点要求》（国能安全〔2014〕161 号）4.4.8 "加强继电保护运行维护，正常运行时，严禁 220kV 及以上电压等级线路、变压器等设备无快速保护运行" 的要求，可能造成《国家电网公司安全事故调查规程（2017 修正版）》2.2.6.7 定义的 "220kV 以上线路、母线失去主保护" 的六级电网事件						
	可能导致后果	可能造成 "220kV 以上线路、母线失去主保护" 六级电网事件			归属职能部门		运维检修	
预评估	预评估等级	一般隐患		预评估负责人签名	×××	预评估负责人签名日期	2018-5-7	
				工区领导审核签名	×××	工区领导审核签名日期	2018-5-8	
评估	评估等级	一般隐患		评估负责人签名	×××	评估负责人签名日期	2018-5-8	
				评估领导审核签名	×××	评估领导审核签名日期	2018-5-8	
治理	治理责任单位	变电检修中心		治理责任人		×××		
	治理期限	自	2018-5-4	至		2018-6-30		
	是否计划项目	否	是否完成计划外备案			计划编号		
	防控措施	(1) 对设备加强运行监视，每季度进行一次定期专业特巡，重点检查装置采样、开入等运行情况。 (2) 当发生线路跳闸时，对保护动作行为加强分析，判断动作类别是否正确，保护功能是否齐全。 (3) 针对目前国调及华北网调发布的继电保护家族类缺陷，重点筛查上述设备是否存在家族性缺陷隐患。 (4) 针对上述设备准备充足的备品备件，制订专项应急预案，发生缺陷迅速处理。						
	治理完成情况	2018 年 6 月 4 日，将原 500kV×××变电站 500kV×××线 MCD-H1 保护装置更换为 NSR303A 型保护装置，可满足《防止电力生产事故的二十五项重点要求》（国能安全〔2014〕161 号）4.4.8 "加强继电保护运行维护，正常运行时，严禁 220kV 及以上电压等级线路、变压器等设备无快速保护运行" 的要求，此保护装置老化安全隐患治理完成，申请验收销号						
	隐患治理计划资金（万元）		13		累计落实隐患治理资金（万元）		0.00	
验收	验收申请单位	变电二次运检二班	负责人	×××	签字日期		2018-6-4	
	验收组织单位	变电检修中心						
	验收意见	将原 500kV×××变电站 500kV×××线 MCD-H1 保护装置更换为 NSR303A 型保护装置，可满足《防止电力生产事故的二十五项重点要求》（国能安全〔2014〕161 号）4.4.8 "加强继电保护运行维护，正常运行时，严禁 220kV 及以上电压等级线路、变压器等设备无快速保护运行" 的要求，此保护装置老化安全隐患消除						
	结论	验收合格，治理措施已按要求实施，同意注销			是否消除		是	
	验收组长	×××			验收日期		2018-6-5	

10.6.2 端子箱、机构箱

一般隐患排查治理档案表

发现	隐患简题	国网××公司 5 月 8 日，35kV×××变电站 1 号主变压器端子箱封堵不严安全隐患			隐患来源	日常巡视	隐患原因	设备设施隐患
	隐患编号	国网××公司/国网××公司2018××××	隐患所在单位	国网××公司	专业分类	调度及二次系统	详细分类	端子箱、机构箱
	发现人	×××	发现人单位	检修试验班	发现日期	2018-5-8		
	事故隐患内容	35kV×××变电站 1 号主变压器端子箱封堵不严。不满足《国家电网公司变电运维管理规定（试行）》[国网（运检/3）828—2017]中《第 21 分册 端子箱及检修电源箱运维细则》1.5.2"端子箱及检修电源箱封堵应完好、平整、无缝隙"的规定。在日常的运行中，封堵不严的端子箱可能进入潮气或小动物，导致二次端子排绝缘受损，引发主变压器跳闸事故，由于夏季负载大，1 号主变压器停运后将造成变电站负荷减供。可能造成《国家电网公司安全事故调查规程（2017 修正版）》2.2.7.1 定义的"35kV 以上输变电设备异常运行或被迫停止运行，并造成减供负荷者"的七级电网事件						
	可能导致后果	可能造成 35kV 变电设备停运减供负荷的七级电网事件			归属职能部门		运维检修	
预评估	预评估等级	一般隐患	预评估负责人签名	×××	预评估负责人签名日期		2018-5-9	
			工区领导审核签名	×××	工区领导审核签名日期		2018-5-9	
评估	评估等级	一般隐患	评估负责人签名	×××	评估负责人签名日期		2018-5-10	
			评估领导审核签名	×××	评估领导审核签名日期		2018-5-10	
治理	治理责任单位	设备管理部		治理责任人		×××		
	治理期限	自	2018-5-8	至		2018-6-30		
	是否计划项目		是否完成计划外备案			计划编号		
	防控措施	（1）由检修建设工区加强巡视，每天巡视一次，发现问题及时上报并处理。 （2）在端子箱周围装设临时防雨挡板和遮栏，防止雨水和小动物进入。 （3）列入计划，及时进行封堵改造。 （4）做好突出发事件的应急措施，做好人员、车辆及物资的应急准备工作						
	治理完成情况	2018 年 5 月 22 日，将 35kV×××变电站 1 号主变压器端子箱进行了封堵，可满足设备安全运行，满足《国家电网公司变电运维管理规定（试行）》[国网（运检/3）828—2017]中《第 21 分册 端子箱及检修电源箱运维细则》1.5.2"端子箱及检修电源箱封堵应完好、平整、无缝隙"的规定。主变压器端子箱封堵不严安全隐患治理完成，申请验收销号						
	隐患治理计划资金（万元）		0.00	累计落实隐患治理资金（万元）			0.00	
验收	验收申请单位	国网××公司	负责人	×××	签字日期		2018-5-23	
	验收组织单位	国网××公司						
	验收意见	经验收，整改措施已落实，满足《国家电网公司变电运维管理规定（试行）》[国网（运检/3）828—2017]中《第 21 分册 端子箱及检修电源箱运维细则》1.5.2"端子箱及检修电源箱封堵应完好、平整、无缝隙"的规定，安全隐患消除						
	结论	验收合格，治理措施已按要求实施，同意注销			是否消除		是	
	验收组长	×××			验收日期		2018-5-24	

10.6.3 调度方式

一般隐患排查治理档案表（1）

2018 年度 国网××公司

发现	隐患简题	国网××公司 5 月 29 日，220kV×××站 6 月 1～2 日 220kV 单母线运行隐患			隐患来源	电网方式分析	隐患原因	电力安全隐患
	隐患编号	国网××公司 2018××××	隐患所在单位	国网××公司	专业分类	调度及二次系统	详细分类	调度方式
	发现人	×××	发现人单位	电力调度控制中心	发现日期			2018-5-29
	事故隐患内容	按照检修计划安排，220kV×××站 6 月 1～6 月 2 日安排 211-1-2 隔离开关（刀闸）检修试验工作，需 220kV 1 号母线停电。停电期间，×××站 220kV 单母线运行。若 220kV 运行母线故障跳闸，将造成 220kV×××站、110kV×××、×××、×××、×××、×××站全停，损失负荷约 110MW。构成《国家电网公司安全事故调查规程（2017 修正版）》2.2.5.4 定义的"变电站内 220kV 以上任一电压等级母线非计划全停"的五级电网事件						
	可能导致后果	可能造成五级电网事件			归属职能部门			调度
预评估	预评估等级	一般隐患	预评估负责人签名	×××	预评估负责人签名日期			2018-5-29
			工区领导审核签名	×××	工区领导审核签名日期			2018-5-29
评估	评估等级	一般隐患	评估负责人签名	×××	评估负责人签名日期			2018-5-29
			评估领导审核签名	×××	评估领导审核签名日期			2018-5-29
治理	治理责任单位	电力调度控制中心			治理责任人			×××
	治理期限	自	2018-5-29	至				2018-6-2
	是否计划项目		是否完成计划外备案			计划编号		
	防控措施	（1）110kV×××线倒至×××站供电。（×××站×××线 T 接线 144 开关保护投入跳闸，重合闸停） （2）×××站 2 号主变压器倒至×××线供电，3 号主变压器倒至×××线供电。 （3）×××站 2 号主变压器倒至×××线供电，3 号主变压器倒至×××线供电。 （4）×××站 2 号主变压器倒至×××线供电，3 号主变压器倒×××线供电。 （5）110kV×××线串带×××站 110kV 2 号母线，×××线 190 开关。 （6）×××站 220kV 单母线工作结束后，恢复 110kV 母线正常方式（技术措施 1～4 号不恢复），×××线仍由×××站供电。 （7）×××站 220kV 单母线运行期间，恢复有人值守，加强运行监视，做好事故预想。 （8）地区监控班值班员加强×××小区各站运行监控，做好事故预想。 （9）通知×××、×××站加强运行监视，合理安排生产用电，并做好事故预案和停电自保措施。 （10）做好安全措施和事故预案，在保证供电可靠性前提下将变电站负荷尽量倒出，通知相关重要客户合理安排生产用电，并做好停电自保措施。 （11）检修单位提前了解天气情况，如工期内有恶劣天气此工作应撤销。 （12）国网××公司对×××站 572×××电源线保电						
	治理完成情况	6 月 2 日 220kV×××站 211-1-2 隔离开关（刀闸）检修试验工作完毕，×××站恢复正常运行方式，隐患消除，申请验收销号						
	隐患治理计划资金（万元）		0.00		累计落实隐患治理资金（万元）			0.00
验收	验收申请单位	国网××公司	负责人	×××	签字日期			2018-6-2
	验收组织单位	电力调度控制中心						
	验收意见	6 月 2 日 220kV×××站 211-1-2 隔离开关（刀闸）检修试验工作完毕，×××站恢复正常运行方式，隐患消除，可恢复相关安全防控措施						
	结论	验收合格，治理措施已按要求实施，同意注销			是否消除			是
	验收组长	×××			验收日期			2018-6-2

2018 年度 国网××公司

	隐患简题	国网××公司 5 月 27 日，220kV×××站 5 月 30 日 220kV 单线路运行隐患			隐患来源	电网方式分析	隐患原因	电力安全隐患
发现	隐患编号	国网××公司 2018××××	隐患所在单位	国网××公司	专业分类	调度及二次系统	详细分类	调度方式
	发现人	×××	发现人单位	电力调度控制中心	发现日期		2018-5-27	
	事故隐患内容	按照检修计划安排，220kV×××站 5 月 30 日，为配合×××站×××线 266-2 隔离开关（刀闸）发热消缺工作，220kV×××线需停电。停电期间，×××站 220kV 单线路运行，若 220kV×××线故障跳闸，造成×××站全停，无负荷损失，构成《国家电网公司安全事故调查规程（2017 修正版）》2.2.5.4 定义的"变电站内 220kV 以上任一电压等级母线非计划全停"的五级电网事件						
	可能导致后果	可能造成五级电网事件				归属职能部门	调度	
预评估	预评估等级	一般隐患	预评估负责人签名	×××	预评估负责人签名日期		2018-5-27	
			工区领导审核签名	×××	工区领导审核签名日期		2018-5-27	
评估	评估等级	一般隐患	评估负责人签名	×××	评估负责人签名日期		2018-5-27	
			评估领导审核签名	×××	评估领导审核签名日期		2018-5-27	
治理	治理责任单位	电力调度控制中心		治理责任人	×××			
	治理期限	自	2018-5-27	至	2018-5-30			
	是否计划项目	是否完成计划外备案			计划编号			
	防控措施	（1）×××站 220kV 单线路运行期间，通知监控班督导×××站、×××站恢复有人值守，加强运行监视，做好事故预想。 （2）地区监控班通知运维人员对×××站恢复有人值守，加强×××小区运行监视，做好事故预想。 （3）输电运检室对 220kV×××线特巡。 （4）检修单位提前了解天气情况，如工期内有恶劣天气此工作应撤销						
	治理完成情况	5 月 30 日 220kV×××站×××线 266-2 隔离开关（刀闸）发热消缺工作完毕，×××站恢复正常运行方式，隐患消除，申请验收销号						
	隐患治理计划资金（万元）	0			累计落实隐患治理资金（万元）		0.00	
验收	验收申请单位	国网××公司		负责人	×××	签字日期	2018-5-30	
	验收组织单位	电力调度控制中心						
	验收意见	5 月 30 日 220kV×××站×××线 266-2 隔离开关（刀闸）发热消缺工作完毕，×××站恢复正常运行方式，隐患消除，可恢复相关安全防控措施						
	结论	验收合格，治理措施已按要求实施，同意注销			是否消除		是	
	验收组长	×××			验收日期		2018-5-30	

10.6.4 直流

一般隐患排查治理档案表

2018 年度 国网××公司

发现	隐患简题	国网××公司 3 月 23 日，110kV×××站 2 号充电机单元电源模块直流输出电压异常的安全隐患			隐患来源	安全检查	隐患原因	设备设施隐患
	隐患编号	国网××公司 2018××××	隐患所在单位	检修试验工区	专业分类	调度及二次系统	详细分类	直流
	发现人	×××	发现人单位	检修试验工区	发现日期		2018-3-23	
	事故隐患内容	国网××公司检修试验工区在隐患大排查大整治工作中发现，110kV×××站 2 号充电机单元电源模块直流输出电压异常，液晶屏显示"DC/DC 模块故障"，《站用交直流电源系统专项隐患排查细则》（运检〔2016〕58 号）第 24 条"充电机运行正常，输出电压在正常范围之内"的规定，在站内交流失电的情况下，直流系统输出电压不足，易引发断路器误动、拒动等情况，可能构成《国家电网公司安全事故调查规程（2017 修正版）》2.2.7.1 定义的"35kV 以上输变电设备异常运行或被迫停止运行，并造成减供负荷者"的七级电网事件						
	可能导致后果	可能造成减供负荷的七级电网事件			归属职能部门		运维检修	
预评估	预评估等级	一般隐患	预评估负责人签名	×××	预评估负责人签名日期		2018-3-23	
			工区领导审核签名	×××	工区领导审核签名日期		2018-3-23	
评估	评估等级	一般隐患	评估负责人签名	×××	评估负责人签名日期		2018-3-23	
			评估领导审核签名	×××	评估领导审核签名日期		2018-3-25	
治理	治理责任单位	检修试验工区		治理责任人		×××		
	治理期限	自	2018-3-23	至		2018-4-20		
	是否计划项目		是否完成计划外备案			计划编号		
	防控措施	（1）立即汇报调度近期不安排计划停电等单电源运行方式工作。 （2）组织地运维人员增加巡视次数，认真检查记录充电机状态，并通知检修工区尽快安排检修。 （3）检查低压备自投运行情况，确保交流电源自动投切功能处于正常状态						
	治理完成情况	变电检修室按照工作计划，4 月 2 日组织对 110kV×××站 2 号充电机单元电源模块进行更换，更换后满足《站用交直流电源系统专项隐患排查细则》（运检〔2016〕58 号）第 24 条"充电机运行正常，输出电压在正常范围之内"的规定，充电机单元电源模块直流输出电压异常的安全隐患已处理，申请验收销号						
	隐患治理计划资金（万元）	0.4		累计落实隐患治理资金（万元）			0.00	
验收	验收申请单位	国网××公司	负责人	×××	签字日期		2018-4-2	
	验收组织单位	设备管理部						
	验收意见	4 月 2 日，设备管理部组织对 110kV×××站 2 号充电机存在隐患整改情况进行检查，满足《站用交直流电源系统专项隐患排查细则》（运检〔2016〕58 号）第 24 条"充电机运行正常，输出电压在正常范围之内"的规定，充电机单元电源模块直流输出电压异常的安全隐患已处理，隐患已消除						
	结论	验收合格，治理措施已按要求实施，同意注销			是否消除		是	
	验收组长	×××			验收日期		2018-4-2	

10.6.5 自动化设备

一般隐患排查治理档案表（1）

2018 年度 国网××公司

					隐患来源	日常巡视	隐患原因	设备设施隐患
发现	隐患简题	国网××公司 4 月 4 日，110kV×××站后台机黑屏致设备停运的安全隐患			隐患来源	日常巡视	隐患原因	设备设施隐患
	隐患编号	国网××公司2018××××	隐患所在单位	检修试验工区	专业分类	调度及二次系统	详细分类	自动化设备
	发现人	×××	发现人单位	二次检修二班	发现日期		2018-4-4	
	事故隐患内容	国网××公司 110kV×××站后台机装置老化严重，投运时间为 2005 年，系统型号：CBZ-8000，目前该后台系统由于长时间运行，风扇、电源等老化，经常发生显示屏黑屏，不能正常监控该站信号，影响事故处理的及时性，极端恶劣天气下设备发生故障，无法提供有效的设备运行数据，导致装置、保护动作信息无法查看，设备跳闸、误动作、误操作等情况发生，无法及时正确判断运行状态，将导致设备故障停运。可能造成《国家电网公司安全事故调查规程（2017 修正版）》2.2.7.1 定义的"35kV 以上输变电设备异常运行或被迫停止运行，并造成减供负荷者"的七级电网事件						
	可能导致后果	可能造成 110kV 变电站减供负荷的七级电网事件			归属职能部门		调度	
预评估	预评估等级	一般隐患	预评估负责人签名	×××	预评估负责人签名日期		2018-4-8	
			工区领导审核签名	×××	工区领导审核签名日期		2018-4-12	
评估	评估等级	一般隐患	评估负责人签名	×××	评估负责人签名日期		2018-4-12	
			评估领导审核签名	×××	评估领导审核签名日期		2018-4-12	
治理	治理责任单位	检修试验工区		治理责任人	×××			
	治理期限	自	2018-4-12	至	2018-6-30			
	是否计划项目		是否完成计划外备案		计划编号			
	防控措施	（1）变电检修室二次检修二班及时汇报主管部门并联系厂家，将后台系统复制数据，保证设备正常监视。 （2）变电运维室未处理前加强设备巡视，重点监测变电站设备，恶劣天气时开展特巡						
	治理完成情况	5 月 30 日，变电检修室安排二次检修二班对×××站后台机出现黑屏情况进行检查处理。发现为设备长期运行出现的老化原因。查出问题后，二次检修二班工作人员对后台机进行更换后，恢复正常运行，申请验收销号						
	隐患治理计划资金（万元）		0.00		累计落实隐患治理资金（万元）		0.00	
验收	验收申请单位	国网××公司	负责人	×××	签字日期		2018-6-1	
	验收组织单位	设备管理部						
	验收意见	经验收，变电检修室已对 110kV×××站后台机进行更换处理，满足设备安全运行的要求，隐患治理完成，验收合格						
	结论	验收合格，治理措施已按要求实施，同意注销			是否消除		是	
	验收组长	×××			验收日期		2018-6-2	

2018 年度

国网××公司

发现	隐患简题	国网××公司 4 月 16 日，×××县公司自动化系统交换机老化频繁重启安全隐患			隐患来源	安全检查	隐患原因	设备设施隐患
	隐患编号	国网××公司 2018××××	隐患所在单位	调控中心	专业分类	调度及二次系统	详细分类	自动化设备
	发现人	×××	发现人单位	自动化运维班	发现日期		2018-4-16	
	事故隐患内容	国网××公司×××县公司自动化系统交换机运行年代长久，2008 年投入运行，设备老化严重，频繁重启，不满足 Q/GDW 131—2006《电力系统实时动态监测系统技术规范》5.2 规定的"主站应能接收、管理、存储和转发源自子站的实时测量数据，对电力系统的运行状态进行监测、告警、分析、决策等。主站之间应能交换实时测量数据、画面调用等"的要求。该交换机承载着××县调厂站数据传输和调度工作站数据使用，发生故障极易导致县公司通信中断，可能造成《国家电网公司安全事故调查规程（2017 修正版）》2.3.7.4 定义的"县电力调控分中心调度数据网业务全部中断，且持续时间 8 小时以上"的七级设备事件						
	可能导致后果	可能造成通信中断的七级设备事件			归属职能部门		调度	
预评估	预评估等级	一般隐患	预评估负责人签名		×××	预评估负责人签名日期		2018-4-16
			工区领导审核签名		×××	工区领导审核签名日期		2018-4-16
评估	评估等级	一般隐患	评估负责人签名		×××	评估负责人签名日期		2018-4-17
			评估领导审核签名		×××	评估领导审核签名日期		2018-4-17
治理	治理责任单位	调控中心			治理责任人		×××	
	治理期限	自	2018-4-17	至			2018-5-31	
	是否计划项目		是否完成计划外备案			计划编号		
	防控措施	（1）自动化运维人员加强设备监视，密切关注设备运行状况。 （2）联系厂家人员对设备进行改造升级						
	治理完成情况	5 月 21 日，调控中心已对×××县公司自动化系统交换机进行更换处理，经对交换机进行调试，Q/GDW 131—2006《电力系统实时动态监测系统技术规范》5.2 规定的"主站应能接收、管理、存储和转发源自子站的实时测量数据，对电力系统的运行状态进行监测、告警、分析、决策等。主站之间应能交换实时测量数据、画面调用等"的要求。交换机老化频繁重启安全隐患已处理，申请验收销号						
	隐患治理计划资金（万元）		0.00		累计落实隐患治理资金（万元）		0.00	
验收	验收申请单位	自动化运维班	负责人	×××	签字日期		2018-5-23	
	验收组织单位	调控中心						
	验收意见	经验收，调控中心已对×××县公司自动化系统交换机进行更换处理，满足 Q/GDW 131—2006《电力系统实时动态监测系统技术规范》5.2 规定的"主站应能接收、管理、存储和转发源自子站的实时测量数据，对电力系统的运行状态进行监测、告警、分析、决策等。主站之间应能交换实时测量数据、画面调用等"的要求，隐患治理完成，验收合格						
	结论	验收合格，治理措施已按要求实施，同意注销			是否消除		是	
	验收组长	×××			验收日期		2018-5-25	

10.7 电力建设

<h1 style="text-align:center">一般隐患排查治理档案表（1）</h1>

2018 年度   国网××公司

					隐患来源	安全检查	隐患原因	人身安全隐患
发现	隐患简题	国网××公司 5 月 29 日，×××线路工程灌注桩基础施工所用打桩机没有接地装置安全隐患						
	隐患编号	国网××公司2018××××	隐患所在单位	国网××公司	专业分类	电力建设	详细分类	电力建设
	发现人	×××	发现人单位	发展建设部	发现日期		2018-5-29	
	事故隐患内容	×××线路工程灌注桩施工作业所用打桩机没有接地装置，不符合《国家电网公司电力安全工作规程（电网建设部分）(试行)》5.2.1.9"机械金属外壳应可靠接地"的规定，由于设备没有接地装置，无法有效保护使用人员，灌注桩基础施工过程中容易发生人身触电事故，可能造成《国家电网公司安全事故调查规程（2017修正版)》2.1.2.8 定义的"无人员死亡和重伤，但造成 1～2 人轻伤者"的八级人身事件						
	可能导致后果	可能造成人员触电伤害的八级人身事件			归属职能部门		基建	
预评估	预评估等级	一般隐患	预评估负责人签名	×××	预评估负责人签名日期		2018-5-29	
			工区领导审核签名	×××	工区领导审核签名日期		2018-5-29	
评估	评估等级	一般隐患	评估负责人签名	×××	评估负责人签名日期		2018-5-29	
			评估领导审核签名	×××	评估领导审核签名日期		2018-5-29	
治理	治理责任单位	发展建设部		治理责任人		×××		
	治理期限	自	2018-5-29	至		2018-12-31		
	是否计划项目	否	是否完成计划外备案		是	计划编号		
	防控措施	(1) 接地装置未安装完成前停止该打桩机进行灌注桩施工作业。 (2) 特殊情况下必须使用时，要在设备外壳的适当位置装设接地线，并设专人监护。 (3) 在该设备上设置临时警告标识，并将该隐患向全体工作人员通报，提醒工作人员注意该隐患。 (4) 联系维修人员，尽快完成接地装置安装工作						
	治理完成情况	2018 年 6 月 8 日已对该打桩机加装接地装置确保可靠接地，已满足《国家电网公司电力安全工作规程（电网建设部分)(试行)》5.2.1.9"机械金属外壳应可靠接地"的规定，打桩机未接地装置隐患治理完成						
	隐患治理计划资金（万元）		0.00		累计落实隐患治理资金（万元）		0.00	
验收	验收申请单位	国网××公司	负责人	×××	签字日期		2018-6-8	
	验收组织单位	基建部						
	验收意见	经验收，已对该打桩机加装接地装置确保可靠接地，已满足《国家电网公司电力安全工作规程（电网建设部分)(试行)》5.2.1.9"机械金属外壳应可靠接地"的规定，满足安全施工要求，该隐患治理完成						
	结论	验收合格，治理措施已按要求实施，同意注销			是否消除		是	
	验收组长	×××			验收日期		2018-6-8	

一般隐患排查治理档案表（2）

发现	隐患简题	国网××公司 6 月 15 日，220kV×××站 110kV 电流互感器安装工程待安装设备随意摆放安全隐患		隐患来源	安全检查	隐患原因	人身安全隐患
	隐患编号	国网××公司 2018××××	隐患所在单位	检修试验室	专业分类	电力建设	详细分类	电力建设
	发现人	×××	发现人单位	变电检修二班	发现日期			2018-6-15
	事故隐患内容	220kV×××站 110kV 出线电流互感器安装工程，共涉及 13 条线路电流互感器 39 只，待安装电流互感器运抵变电站后被随意摆放在临近设备区的通道旁边，占道严重，且与其他材料和工器具混放在一起，搬运困难。不满足 DL 5009.3—2013《电力建设安全工作规程　第 3 部分：变电站》3.2.20 "材料、设备应按施工总平面布置规定的地点堆放整齐，并符合消防及搬运的要求"的规定，作业人员在搬取电流互感器或其他设备、材料时，可能因搬运困难误碰其他设备，造成人员意外碰上或砸伤；路过该处通道人员和车辆，也可能会误碰此处设备造成人员受伤。可能造成《国家电网公司安全事故调查规程（2017 修正版）》2.1.2.8 定义的"无人员死亡和重伤，但造成 1～2 人轻伤者"的八级人身事件					
	可能导致后果	可能造成八级人身事件			归属职能部门		基建	
预评估	预评估等级	一般隐患	预评估负责人签名	×××	预评估负责人签名日期		2018-6-16	
			工区领导审核签名	×××	工区领导审核签名日期		2018-6-16	
评估	评估等级	一般隐患	评估负责人签名	×××	评估负责人签名日期		2018-6-17	
			评估领导审核签名	×××	评估领导审核签名日期		2018-6-17	
治理	治理责任单位	检修试验室		治理责任人		×××		
	治理期限	自	2018-6-16	至		2018-8-31		
	是否计划项目	否	是否完成计划外备案		是	计划编号		
	防控措施	（1）在待用电流互感器等设备和材料堆放处，设置临时警示围栏，并在醒目位置设置警告标识，提醒周围人员注意保持安全距离。 （2）向全体作业人员通报该隐患，提高作业人员安全防护意识。 （3）在搬取该处设备或材料时，要设置专人进行监护，发现不安全情况及时纠正。 （4）督促责任单位尽快整改，并做好人身伤害的突发事件应急准备工作					
	治理完成情况	2018 年 6 月，变电检修室在待用电流互感器等设备和材料堆放处，设置临时警示围栏，并在醒目位置设置警告标识，提醒周围人员注意保持安全距离。向全体作业人员通报该隐患，提高作业人员安全防护意识。在搬取该处设备或材料时，要设置专人进行监护，发现不安全情况及时纠正。满足 DL 5009.3—2013《电力建设安全工作规程　第 3 部分：变电站》3.2.20 "材料、设备应按施工总平面布置规定的地点堆放整齐，并符合消防及搬运的要求"的规定。220kV×××站 110kV 电流互感器安装工程待安装设备随意摆放安全隐患治理完成					
	隐患治理计划资金（万元）	0.00			累计落实隐患治理资金（万元）		0.00	
验收	验收申请单位	国网××公司	负责人	×××	签字日期		2018-6-25	
	验收组织单位	设备管理部						
	验收意见	经验收，变电检修室已对×××站待用电流互感器等设备和材料堆放处，设置临时警示围栏，并在醒目位置设置警告标识，提醒周围人员注意保持安全距离。向全体作业人员通报该隐患，提高作业人员安全防护意识。在搬取该处设备或材料时，要设置专人进行监护，发现不安全情况及时纠正。满足 DL 5009.3—2013《电力建设安全工作规程　第 3 部分：变电站》3.2.20 "材料、设备应按施工总平面布置规定的地点堆放整齐，并符合消防及搬运的要求"的规定。220kV 姚官屯站 110kV 电流互感器安装工程待安装设备随意摆放安全隐患治理完成					
	结论	验收合格，治理措施已按要求实施，同意注销			是否消除		是	
	验收组长	×××			验收日期		2018-6-26	

一般隐患排查治理档案表（3）

发现	隐患简题	国网××公司 6 月 14 日，500kV×××线路工程 N6 组塔现场存在抱杆拉线地锚无防雨水浸泡措施隐患		隐患来源	日常巡视	隐患原因	人身安全隐患
	隐患编号	国网××公司 2018××××	隐患所在单位	安全监察部	专业分类	电力建设	详细分类	电力建设
	发现人	×××	发现人单位	安全监察部	发现日期		2018-6-14	
	事故隐患内容	500kV×××线路工程 N6 组塔现场抱杆拉线地锚无防雨水浸泡措施，不符合《国家电网公司电力安全工作规程（电网建设部分）（试行）》9.1.6e)规定的"临时地锚应采取避免被雨水浸泡的措施"。若不及时处理，存在地锚松脱引发人员意外伤害，可能构成《国家电网公司安全事故调查规程（2017 修正版）》2.1.2.8 定义的"无人员死亡和重伤，但造成 1~2 人轻伤者"的八级人身事件					
	可能导致后果	可能造成八级人身事件		归属职能部门		基建		
预评估	预评估等级	一般隐患	预评估负责人签名	×××	预评估负责人签名日期		2018-6-14	
			工区领导审核签名	×××	工区领导审核签名日期		2018-6-14	
评估	评估等级	一般隐患	评估负责人签名	×××	评估负责人签名日期		2018-6-18	
			评估领导审核签名	×××	评估领导审核签名日期		2018-6-18	
治理	治理责任单位	安全监察部		治理责任人		×××		
	治理期限	自	2018-6-14	至		2018-6-23		
	是否计划项目	否		是否完成计划外备案		是	计划编号	
	防控措施	（1）向施工项目部下发《安全隐患整改通知单》，完善地锚防雨水浸泡措施前禁止开始下一步作业。 （2）开展安全设施专项检查，发现类似问题立即整改						
	治理完成情况	（1）6 月 19 日，施工单位对该临时地锚采取了防雨水浸泡措施。 （2）6 月 20 日，施工单位对现场进行了全面检查，现场已杜绝了同类问题。 （3）监理加强了安全巡视和安全设施检查力度。 上述整改完成后，符合《国家电网公司电力安全工作规程（电网建设部分）（试行）》9.1.6e)规定的"临时地锚应采取避免被雨水浸泡的措施"。组塔现场存在抱杆拉线地锚无防雨水浸泡措施安全隐患已处理。现申请对隐患治理完成情况进行验收						
	隐患治理计划资金（万元）		0.00		累计落实隐患治理资金（万元）		0.00	
验收	验收申请单位	国网××公司	负责人	×××	签字日期		2018-6-20	
	验收组织单位	计划经营部						
	验收意见	6 月 20 日，经计划经营部进行现场验收，临时地锚周围已经挖好排水沟，治理完成情况属实，符合《国家电网公司电力安全工作规程（电网建设部分）（试行）》9.1.6e)规定的"临时地锚应采取避免被雨水浸泡的措施"。组塔现场存在抱杆拉线地锚无防雨水浸泡措施安全隐患已处理。现申请对隐患治理完成情况进行验收						
	结论	验收合格，治理措施已按要求实施，同意注销		是否消除		是		
	验收组长	×××		验收日期		2018-6-20		

一般隐患排查治理档案表（4）

<table>
<tr><td rowspan="5">发现</td><td>隐患简题</td><td colspan="3">国网××公司 6 月 14 日，110kV×××变电站工程现场主变压器基础开挖完成后未设围栏及警示标志隐患</td><td>隐患来源</td><td>安全检查</td><td>隐患原因</td><td>人身安全隐患</td></tr>
<tr><td>隐患编号</td><td>国网××公司 2018××××</td><td>隐患所在单位</td><td>国网××公司</td><td>专业分类</td><td>电力建设</td><td>详细分类</td><td>电力建设</td></tr>
<tr><td>发现人</td><td>×××</td><td>发现人单位</td><td>国网××公司</td><td>发现日期</td><td colspan="3">2018-6-14</td></tr>
<tr><td>事故隐患内容</td><td colspan="7">国网××公司 110kV×××变电工程施工现场，主变压器基础开挖完成后未设围栏及安全警示标志，不符合 DL 5009.3—2013《电力建设安全工作规程　第 3 部分：变电站》4.1.1.7 规定的"土石方挖掘施工区域应设围栏及安全警示标志，夜间应挂警示灯，围栏离坑边不得小于 0.8m"的要求，易造成其他施工人员误入施工区域摔伤，可能造成《国家电网公司安全事故调查规程（2017 修正版）》2.1.2.8 定义的"无人员死亡和重伤，但造成 1～2 人轻伤者"的八级人身事件</td></tr>
<tr><td>可能导致后果</td><td colspan="4">可能造成八级人身事件</td><td>归属职能部门</td><td colspan="2">基建</td></tr>
<tr><td rowspan="2">预评估</td><td>预评估等级</td><td rowspan="2">一般隐患</td><td>预评估负责人签名</td><td>×××</td><td>预评估负责人签名日期</td><td colspan="3">2018-6-14</td></tr>
<tr><td></td><td>工区领导审核签名</td><td>×××</td><td>工区领导审核签名日期</td><td colspan="3">2018-6-15</td></tr>
<tr><td rowspan="2">评估</td><td>评估等级</td><td rowspan="2">一般隐患</td><td>评估负责人签名</td><td>×××</td><td>评估负责人签名日期</td><td colspan="3">2018-6-15</td></tr>
<tr><td></td><td>评估领导审核签名</td><td>×××</td><td>评估领导审核签名日期</td><td colspan="3">2018-6-16</td></tr>
<tr><td rowspan="6">治理</td><td>治理责任单位</td><td colspan="3">×××</td><td>治理责任人</td><td colspan="3">×××</td></tr>
<tr><td>治理期限</td><td>自</td><td colspan="2">2018-6-14</td><td>至</td><td colspan="3">2018-6-29</td></tr>
<tr><td>是否计划项目</td><td>否</td><td colspan="2">是否完成计划外备案</td><td>是</td><td>计划编号</td><td colspan="2"></td></tr>
<tr><td>防控措施</td><td colspan="7">（1）按要求组织施工现场各项目部主要管理人员进行《电力安全工作规程》（简称《安规》）的学习。
（2）未设置标准硬质围栏前，施工现场责任单位立即按照《安规》中的相关要求，设置临时遮栏及警示标识</td></tr>
<tr><td>治理完成情况</td><td colspan="7">6 月 19—20 日，施工现场责任单位按照《安规》中的相关要求设置了标准硬质围栏，并设置警示标识及夜间警示灯。符合 DL 5009.3—2013《电力建设安全工作规程　第 3 部分：变电站》4.1.1.7 规定的"土石方挖掘施工区域应设围栏及安全警示标志，夜间应挂警示灯，围栏离坑边不得小于 0.8m"的要求，现场主变压器基础开挖完成后未设围栏及安全警示标志的安全隐患已处理</td></tr>
<tr><td>隐患治理计划资金（万元）</td><td colspan="3">0.00</td><td>累计落实隐患治理资金（万元）</td><td colspan="3">0.00</td></tr>
<tr><td rowspan="4">验收</td><td>验收申请单位</td><td>国网××公司</td><td>负责人</td><td>×××</td><td>签字日期</td><td colspan="3">2018-6-20</td></tr>
<tr><td>验收组织单位</td><td colspan="7">×××</td></tr>
<tr><td>验收意见</td><td colspan="7">经验收，现场已按相关要求设置了标准硬质围栏，并设置了警示标识及夜间警示灯，符合 DL 5009.3—2013《电力建设安全工作规程　第 3 部分：变电站》4.1.1.7 规定的"土石方挖掘施工区域应设围栏及安全警示标志，夜间应挂警示灯，围栏离坑边不得小于 0.8m"的要求，现场主变压器基础开挖完成后未设围栏及安全警示标志的安全隐患已处理</td></tr>
<tr><td>结论</td><td colspan="4">验收合格，治理措施已按要求实施，同意注销</td><td>是否消除</td><td colspan="2">是</td></tr>
<tr><td colspan="2">验收组长</td><td colspan="4">×××</td><td>验收日期</td><td>2018-6-20</td></tr>
</table>

一般隐患排查治理档案表（5）

发现	隐患简题	国网××公司 6 月 8 日，35kV×××变电站 2 号主变压器基坑渗水坑壁易坍塌的安全隐患		隐患来源	安全检查	隐患原因	人身安全隐患
	隐患编号	国网××公司 2018××××	隐患所在单位	国网××公司	专业分类	电力建设	详细分类 电力建设
	发现人	×××	发现人单位	国网××公司	发现日期		2018-6-8
	事故隐患内容	国网××公司 35kV×××变电站 2 号主变压器增容工程施工现场，箱式变压器基坑（长 5m，宽 3m，深 2m），施工时因基坑东侧邻近河道，坑壁出现渗水现象，坑壁垂直开挖，未采取设置挡土板加固或开挖排水沟等措施，不满足 DL 5009.2—2013《电力建设安全工作规程 第 2 部分：电力线路》5.1.8 规定的"挖掘泥水坑、流沙坑时，应采取安全技术措施，使用挡土板时应经常检查其有无变形或断裂现象"的要求。可能因基坑坑壁被水浸泡坍塌导致施工人员人身伤害事件，造成《国家电网公司安全事故调查规程（2017 修正版）》2.1.2.8 定义的"无人员死亡和重伤，但造成 1～2 人轻伤者"的八级人身事件					
	可能导致后果	可能造成八级人身事件			归属职能部门		产业
预评估	预评估等级	一般隐患	预评估负责人签名	×××	预评估负责人签名日期		2018-6-8
			工区领导审核签名	×××	工区领导审核签名日期		2018-6-8
评估	评估等级	一般隐患	评估负责人签名	×××	评估负责人签名日期		2018-6-8
			评估领导审核签名	×××	评估领导审核签名日期		2018-6-8
治理	治理责任单位	国网××公司		治理责任人		×××	
	治理期限	自	2018-6-8	至		2018-8-8	
	是否计划项目		是否完成计划外备案			计划编号	
	防控措施	（1）停止施工，按照有关规定进行技术整改，挖掘泥水坑、流沙坑时，应采取排水措施。 （2）使用挡土板时应经常检查其有无变形或断裂现象，整改完成后方可复工					
	治理完成情况	施工单位已经按照有关规定进行技术整改，采取了排水和挡土板加固措施，现已整改完毕，经现场安全人员检查合格，满足 DL 5009.2—2013《电力建设安全工作规程 第 2 部分：电力线路》5.1.8 规定的"挖掘泥水坑、流沙坑时，应采取安全技术措施，使用挡土板时应经常检查其有无变形或断裂现象"的要求。现申请对隐患治理完成情况进行验收					
	隐患治理计划资金（万元）		0.00		累计落实隐患治理资金（万元）		0.00
验收	验收申请单位	国网××公司	负责人	×××	签字日期		2018-6-11
	验收组织单位	基建部					
	验收意见	经验收，现场已采取了排水和挡土板加固措施，满足 DL 5009.2—2013《电力建设安全工作规程 第 2 部分：电力线路》5.1.8 规定的"挖掘泥水坑、流沙坑时，应采取安全技术措施，使用挡土板时应经常检查其有无变形或断裂现象"的要求。主变压器基坑渗水坑壁易坍塌的安全隐患已消除					
	结论	验收合格，治理措施已按要求实施，同意注销			是否消除		是
	验收组长	×××			验收日期		2018-6-12

10.8 信息

10.8.1 安全防护

一般隐患排查治理档案表（1）

发现	隐患简题	国网××公司 6 月 15 日，检修试验室检修二班生产管理信息系统弱口令安全隐患			隐患来源	安全检查	隐患原因	安全管理隐患
	隐患编号	国网××公司 2018×××	隐患所在单位	检修试验室	专业分类	信息	详细分类	安全防护
	发现人	×××	发现人单位	变电检修二班	发现日期		2018-6-15	
	事故隐患内容	国网××公司检修试验室变电检修二班有 12 名班组成员，其生产管理系统账户均存在弱口令的问题，口令只有数字，没有字母，不满足 Q/GDW 1519—2014《国家电网公司管理信息系统安全等级保护技术验收规范》中"用户口令至少在 8 位以上；口令由数字、字母混合组成，与用户名不同"的规定，弱口令降低了生产管理信息系统的安全防护能力，对信息数据安全构成了威胁，外来人员或外部网络可能会利用这一弱点进入系统，窃取或篡改相关数据。可能造成《国家电网公司安全事故调查规程（2017 修正版）》2.4.3.1 定义的"数据（网页）遭篡改、假冒、泄露或窃取，对公司安全生产、经营活动或社会形象产生重大影响"的七级信息系统事件						
	可能导致后果	可能造成数据被窃取或篡改的七级信息系统事件			归属职能部门		信息通信	
预评估	预评估等级	一般隐患	预评估负责人签名	×××	预评估负责人签名日期		2018-6-16	
			工区领导审核签名	×××	工区领导审核签名日期		2018-6-16	
评估	评估等级	一般隐患	评估负责人签名	×××	评估负责人签名日期		2018-6-17	
			评估领导审核签名	×××	评估领导审核签名日期		2018-6-17	
治理	治理责任单位	检修试验室		治理责任人	×××			
	治理期限	自	2018-6-17	至	2018-7-17			
	是否计划项目		是否完成计划外备案		计划编号			
	防控措施	（1）由生产系统管理人员冻结关闭检修二班人员的账号使用。 （2）由信息通信分公司对检修二班下达隐患整改通知单，并监督整改完成情况。 （3）检修试验室对所辖全部班组和管理人员的各类系统账号进行同意弱口令排查。 （4）由检修试验室在所有在用计算机上，设置严防弱口令的临时警示标签						
	治理完成情况	2018 年 6 月，变电检修室检修二班对本班组所有计算机的生产管理系统的弱口令进行了修改，新口令由数字、字母组成，满足 Q/GDW 1519—2014《国家电网公司管理信息系统安全等级保护技术验收规范》中"用户口令至少在 8 位以上；口令由数字、字母混合组成，与用户名不同"的规定，同时，检修室组织对工区所有计算机的口令进行了排查，对存在问题的计算机及时修改，确保不再发生弱口令问题。检修试验室检修二班生产管理信息系统弱口令安全隐患治理完成						
	隐患治理计划资金（万元）		0.00	累计落实隐患治理资金（万元）		0.00		
验收	验收申请单位	国网××公司	负责人	×××	签字日期		2018-6-25	
	验收组织单位	设备管理部						
	验收意见	经验收，变电检修二班已对本班组所有计算机的生产管理系统的弱口令进行了修改，新口令由数字、字母组成，满足 Q/GDW 1519—2014《国家电网公司管理信息系统安全等级保护技术验收规范》5.1.4"用户口令至少在 8 位以上；口令由数字、字母混合组成，与用户名不同"的规定，同时，检修室组织对工区所有计算机的口令进行了排查，对存在问题的计算机及时修改，确保不再发生弱口令问题。检修试验室检修二班生产管理信息系统弱口令安全隐患治理完成						
	结论	验收合格，治理措施已按要求实施，同意注销		是否消除		是		
	验收组长	×××		验收日期		2018-6-26		

一般隐患排查治理档案表（2）

发现	隐患简题	国网××公司 4 月 9 日，×××园实验楼三楼机房信息内网主备防火墙双机策略同步不一致的网络中断隐患			隐患来源	日常巡视	隐患原因	设备设施隐患
	隐患编号	国网××公司 2018×××	隐患所在单位	××中心	专业分类	信息	详细分类	安全防护
	发现人	×××	发现人单位	××中心	发现日期		2018-4-9	
	事故隐患内容	国网××公司×××园实验楼三楼机房信息内网主备防火墙双机策略同步不一致，不符合《国网信通部关于印发信息通信隐患排查治理管理规范（试行）及信息通信典型隐患知识库的通知》（信通运行〔2015〕123 号）信息典型隐患知识库的要求，当主备防火墙切换时易导致网络中断，可能造成《国家电网公司安全事故调查规程（2017 修正版）》2.4.3.2 定义的"地市供电公司级单位本地信息网络不可用，且持续时间 4 小时以上"的七级信息系统事件						
	可能导致后果	可能造成网络中断的七级信息系统事件			归属职能部门		信息通信	
预评估	预评估等级	一般隐患	预评估负责人签名	×××	预评估负责人签名日期		2018-4-9	
			工区领导审核签名	×××	工区领导审核签名日期		2018-4-9	
评估	评估等级	一般隐患	评估负责人签名	×××	评估负责人签名日期		2018-4-9	
			评估领导审核签名	×××	评估领导审核签名日期		2018-4-12	
治理	治理责任单位	×××中心		治理责任人		×××		
	治理期限	自	2018-4-9	至		2018-5-21		
	是否计划项目	否	是否完成计划外备案		是	计划编号		
	防控措施	（1）加强设备运行检测和巡视。 （2）制订检修计划，尽快完成整改						
	治理完成情况	2018 年 5 月 14 日，国网××公司×××中心已联系设备技术人员对×××园实验楼三楼机房信息内网主备防火墙进行检修，使主备防火墙策略同步一致，满足设备安全运行要求，电力科技园实验楼三楼机房信息内网主备防火墙双机策略同步不一致的网络中断隐患治理完成						
	隐患治理计划资金（万元）		0.00		累计落实隐患治理资金（万元）		0.00	
验收	验收申请单位	国网××公司	负责人	×××	签字日期		2018-5-14	
	验收组织单位	×××中心						
	验收意见	经验收，国网××公司电网×××中心已联系设备技术人员对×××园实验楼三楼机房信息内网主备防火墙进行检修，使主备防火墙策略同步一致，满足《国网信通部关于印发信息通信隐患排查治理管理规范（试行）及信息通信典型隐患知识库的通知》（信通运行〔2015〕123 号）信息典型隐患知识库的要求，×××园实验楼三楼机房信息内网主备防火墙双机策略同步不一致的网络中断隐患治理完成						
	结论	验收合格，治理措施已按要求实施，同意注销			是否消除		是	
	验收组长	×××			验收日期		2018-5-14	

10.8.2 数据安全隐患

一般隐患排查治理档案表（1）

2018 年度
国网××公司

<table>
<tr><td rowspan="4">发现</td><td>隐患简题</td><td colspan="3">国网××公司5月8日，×××楼3号培训室内网计算机账户弱口令的信息外泄隐患</td><td>隐患来源</td><td>专项监督</td><td>隐患原因</td><td>其他事故隐患</td></tr>
<tr><td>隐患编号</td><td>国网××公司2018××××</td><td>隐患所在单位</td><td>后勤保障部</td><td>专业分类</td><td>信息</td><td>详细分类</td><td>数据安全隐患</td></tr>
<tr><td>发现人</td><td>×××</td><td>发现人单位</td><td>后勤保障部</td><td>发现日期</td><td colspan="3">2018-5-8</td></tr>
<tr><td>事故隐患内容</td><td colspan="7">国网××公司×××楼3号培训室内网计算机存在弱口令，不符合《国家电网公司网络与信息系统安全管理办法》[国网（信息/2）401—2018] 第三章第二十七条规定的"（7）规范账号口令管理，口令必须具有一定强度、长度和复杂度，长度不得小于8位字符串，要求是字母和数字或特殊字符的混合，用户名和口令禁止相同。定期更换口令，更换周期不超过6个月，重要系统口令更换周期不超过3个月，最近使用的4个口令不可重复"的要求。如被破解，可能造成《国家电网公司安全事故调查规程（2017修正版）》2.4.3.1定义的"数据（网页）遭篡改、假冒、泄密或窃，对公司安全生产、经营活动或社会形象产生较大影响"的七级信息系统事件</td></tr>
<tr><td></td><td>可能导致后果</td><td colspan="4">可能造成数据（网页）遭篡改泄密的七级信息系统事件</td><td>归属职能部门</td><td colspan="2">信息</td></tr>
<tr><td rowspan="2">预评估</td><td rowspan="2">预评估等级</td><td rowspan="2">一般隐患</td><td colspan="2">预评估负责人签名</td><td>×××</td><td>预评估负责人签名日期</td><td colspan="2">2018-5-8</td></tr>
<tr><td colspan="2">工区领导审核签名</td><td>×××</td><td>工区领导审核签名日期</td><td colspan="2">2018-5-8</td></tr>
<tr><td rowspan="2">评估</td><td rowspan="2">评估等级</td><td rowspan="2">一般隐患</td><td colspan="2">评估负责人签名</td><td>×××</td><td>评估负责人签名日期</td><td colspan="2">2018-5-8</td></tr>
<tr><td colspan="2">评估领导审核签名</td><td>×××</td><td>评估领导审核签名日期</td><td colspan="2">2018-5-8</td></tr>
<tr><td rowspan="7">治理</td><td>治理责任单位</td><td colspan="3">后勤保障部</td><td>治理责任人</td><td colspan="3">×××</td></tr>
<tr><td>治理期限</td><td>自</td><td colspan="2">2018-5-8</td><td>至</td><td colspan="3">2018-6-22</td></tr>
<tr><td>是否计划项目</td><td colspan="4">是否完成计划外备案</td><td>计划编号</td><td colspan="2"></td></tr>
<tr><td>防控措施</td><td colspan="7">加强内网计算机弱口令监控和排查，对发现的问题设备立即进行整改</td></tr>
<tr><td>治理完成情况</td><td colspan="7">截至2018年5月25日，将×××楼3号培训室内网计算机账户口令进行更换，同时对所有计算机账户口令进行检查，全部符合《国家电网公司网络与信息系统安全管理办法》[国网（信息/2）401—2018] 第三章第二十七条规定的"（7）规范账号口令管理，口令必须具有一定强度、长度和复杂度，长度不得小于8位字符串，要求是字母和数字或特殊字符的混合，用户名和口令禁止相同。定期更换口令，更换周期不超过6个月，重要系统口令更换周期不超过3个月，最近使用的4个口令不可重复"的要求，计算机账户弱口令的信息外泄隐患治理完成</td></tr>
<tr><td colspan="4">隐患治理计划资金（万元）</td><td colspan="2">0.00</td><td>累计落实隐患治理资金（万元）</td><td>0.00</td></tr>
<tr><td></td><td></td><td></td><td></td><td></td><td></td><td></td></tr>
<tr><td rowspan="5">验收</td><td>验收申请单位</td><td>国网××公司</td><td>负责人</td><td colspan="2">×××</td><td>签字日期</td><td colspan="2">2018-5-25</td></tr>
<tr><td>验收组织单位</td><td colspan="8">后勤保障部</td></tr>
<tr><td>验收意见</td><td colspan="8">经验收，后勤保障部已对弱口令进行了加固，满足《国家电网公司网络与信息系统安全管理办法》[国网（信息/2）401—2018] 第三章第二十七条规定的"（7）规范账号口令管理，口令必须具有一定强度、长度和复杂度，长度不得小于8位字符串，要求是字母和数字或特殊字符的混合，用户名和口令禁止相同。定期更换口令，更换周期不超过6个月，重要系统口令更换周期不超过3个月，最近使用的4个口令不可重复"的要求。该安全隐患治理完成</td></tr>
<tr><td>结论</td><td colspan="4">验收合格，治理措施已按要求实施，同意注销</td><td>是否消除</td><td colspan="2">是</td></tr>
<tr><td>验收组长</td><td colspan="4">×××</td><td>验收日期</td><td colspan="2">2018-5-28</td></tr>
</table>

一般隐患排查治理档案表（2）

2018 年度 国网××公司

发现	隐患简题	国网××公司 4 月 18 日，数控中心机房 I6000 数据总线数据写入数据库缓慢的信息系统停运隐患		隐患来源	日常巡视	隐患原因	设备设施隐患
	隐患编号	国网××公司 2018××××	隐患所在单位	信息通信运检中心	专业分类	信息	详细分类	数据安全隐患
	发现人	×××	发现人单位	××中心	发现日期		2018-4-18	
	事故隐患内容	国网××公司 4 月 18 日，在例行巡检中发现 I6000 数据总线数据写入数据库速度较慢，不满足 Q/GDW/Z11212—2014《信息系统非功能性需求规范》2.1.3 规定的"平均 SQL 响应时间不得超过 5s"的要求。可能出现运行指标数据入库超时的现象，造成指标数据的缺失，严重时可能造成程序无法响应导致系统停运，可能造成《国家电网公司安全事故调查规程（2017 修正版）》定义的"信息系统纵向贯通出现下列情况之一者：（1）一类信息系统纵向贯通全部中断，且持续时间 3 小时以上；（2）二类信息系统纵向贯通全部中断，且持续时间 6 小时以上；（3）三类信息系统纵向贯通全部中断，且持续时间 48 小时以上"的七级信息系统事件						
	可能导致后果	可能造成七级信息系统事件		归属职能部门		信息通信		
预评估	预评估等级	一般隐患	预评估负责人签名	×××	预评估负责人签名日期		2018-4-18	
			工区领导审核签名	×××	工区领导审核签名日期		2018-4-19	
评估	评估等级	一般隐患	评估负责人签名	×××	评估负责人签名日期		2018-4-19	
			评估领导审核签名	×××	评估领导审核签名日期		2018-4-20	
治理	治理责任单位	运检三班		治理责任人		×××		
	治理期限	自	2018-4-19	至		2018-5-30		
	是否计划项目		是否完成计划外备案			计划编号		
	防控措施	加强 I6000 巡视和监控，加强 I6000 总线数据的监控，如果出现 I6000 总线数据堆积的情况，及时清掉总线数据						
	治理完成情况	2018 年 5 月 15 日，将 I6000 的应用系统指标数据和华三指标数据进行队列拆分，拆分成不同的队列，提高数据的入库效率，满足数据库性能规定要求，I6000 数据总线数据写入数据库缓慢隐患整改完成						
	隐患治理计划资金（万元）		0.00		累计落实隐患治理资金（万元）		0.00	
验收	验收申请单位	国网××公司	负责人	×××	签字日期		2018-5-15	
	验收组织单位	安全监察部						
	验收意见	该隐患已按计划完成整改，同意销号						
	结论	验收合格，治理措施已按要求实施，同意注销		是否消除		是		
	验收组长	×××		验收日期		2018-5-16		

10.8.3 通信设备

2018 年度   国网××公司

	隐患简题	国网××公司 4 月 19 日，220kV×××站保护装置未配备双电源的变电站设备停运隐患			隐患来源	安全检查	隐患原因	电力安全隐患
	隐患编号	国网××公司 2018××××	隐患所在单位	国家××公司	专业分类	信息	详细分类	通信设备
	发现人	×××	发现人单位	通信检修一班	发现日期		2018-4-19	
发现	事故隐患内容	国网××公司 220kV×××站 4 套保护装置电源接口只接入通信电源屏 1 路开关，单通信电源承载 4 套保护业务，如果该开关故障断开，将造成站内 4 套保护接口装置同时失去电源，不满足《国家电网有限公司十八项电网重大反事故措施（2018 年修订版）及编制说明》规定的 16.3.1.8 "同一条 220kV 及以上电压等级线路的两套继电保护通道、同一系统的有主/备关系的两套安全自动装置通道应采用两条完全独立的路由。均采用复用通道的，应由两套独立的通信传输设备分别提供，且传输设备均应由两套电源（含一体化电源）供电，满足'双路由、双设备、双电源'的要求"。极端恶劣天气下设备发生故障，保护装置拒动，可能造成《国家电网公司安全事故调查规程（2017 修正版）》2.2.7.1 定义的 "35kV 以上输变电设备异常运行或被迫停止运行，并造成减供负荷者" 的七级电网事件						
	可能导致后果	可能造成 220kV 变电站设备停运的七级电网事件			归属职能部门		信息通信	
预评估	预评估等级	一般隐患	预评估负责人签名	×××	预评估负责人签名日期		2018-4-19	
			工区领导审核签名	×××	工区领导审核签名日期		2018-4-19	
评估	评估等级	一般隐患	评估负责人签名	×××	评估负责人签名日期		2018-4-21	
			评估领导审核签名	×××	评估领导审核签名日期		2018-4-24	
治理	治理责任单位	国网××公司		治理责任人		×××		
	治理期限	自	2018-4-24	至		2018-5-31		
	是否计划项目		是否完成计划外备案			计划编号		
	防控措施	加强对 220kV×××站保护装置的运行监控，及时申报项目制订整改方案配备备用电源						
	治理完成情况	5 月 28 日，由保护人员申请将所带保护退出运行后，通信检修一班配合保护检修人员将 220kV×××站 4 套保护接口装置分别接入通信电源屏两路开关。恢复保护运行，检查运行状态正常，消除隐患						
	隐患治理计划资金（万元）		0.00		累计落实隐患治理资金（万元）		0.00	
验收	验收申请单位	通信检修一班		负责人	×××	签字日期	2018-5-28	
	验收组织单位	国网××公司						
	验收意见	经验收，国网××公司已对 220kV×××站保护装置进行接入通信电源屏两路开关处理，满足《国家电网有限公司十八项电网重大反事故措施（2018 年修订版）及编制说明》规定的 16.3.1.8 "同一条 220kV 及以上电压等级线路的两套继电保护通道、同一系统的有主/备关系的两套安全自动装置通道应采用两条完全独立的路由。均采用复用通道的，应由两套独立的通信传输设备分别提供，且传输设备均应由两套电源（含一体化电源）供电，满足'双路由、双设备、双电源'的要求"。隐患治理完成，验收合格						
	结论	验收合格，治理措施已按要求实施，同意注销			是否消除		是	
	验收组长	×××			验收日期		2018-5-28	

一般隐患排查治理档案表（2）

发现	隐患简题	国网××公司 3 月 18 日，信息机房 UPS 蓄电池未按周期开展充电试验的信息系统业务中断隐患			隐患来源	安全检查	隐患原因	设备设施隐患	
	隐患编号	国网××公司 2018××××	隐患所在单位	国家××公司	专业分类	信息	详细分类	通信设备	
	发现人	×××	发现人单位	国家××公司	发现日期		2018-3-18		
	事故隐患内容	国网××公司安全检查发现信息机房 UPS 蓄电池未按周期开展充放电试验，无法及时发现更换损坏蓄电池，存在 UPS 故障断电的安全隐患，不符合《信息典型隐患知识库（V1.0）》（信通运行〔2015〕123 号）中第 9 条"UPS 电源未定期保养隐患"的规定。有可能因损坏的 UPS 蓄电池因周期漏检造成信息业务服务中断，可能造成《国家电网公司安全事故调查规程（2017 修正版）》2.4.3.4 定义的"三类信息系统业务中断，且持续时间 18 小时以上"的七级信息系统事件							
	可能导致后果	可能造成信息系统业务中断的七级信息系统事件			归属职能部门		运维检修		
预评估	预评估等级	一般隐患	预评估负责人签名	×××	预评估负责人签名日期		2018-3-19		
			工区领导审核签名	×××	工区领导审核签名日期		2018-3-19		
评估	评估等级	一般隐患	评估负责人签名	×××	评估负责人签名日期		2018-3-20		
			评估领导审核签名	×××	评估领导审核签名日期		2018-3-21		
治理	治理责任单位	国网××公司		治理责任人		×××			
	治理期限	自	2018-3-19	至		2018-4-19			
	是否计划项目		是否完成计划外备案			计划编号			
	防控措施	（1）加强日常巡视，每日 2 次对 UPS 设备进行现场巡视，确保设备无异常告警。 （2）加强日常监控，通过动环监控系统，加强 UPS 运行状态实时监测							
	治理完成情况	（1）3 月 25～26 日，设备管理部组织对信息机房 UPS 蓄电池开展周期充放电试验，经全部检验蓄电池状态正常。 （2）责令未按要求进行充放电的班组进行自查整改，补齐相关运行维护记录。 （3）在月度考核中，考核责任班组。符合《信息典型隐患知识库（V1.0）》（信通运行〔2015〕123 号）中第 9 条"UPS 电源未定期保养隐患"的规定。信息机房 UPS 蓄电池未按周期开展充放电试验的信息系统业务中断隐患已处理							
	隐患治理计划资金（万元）		0.00	累计落实隐患治理资金（万元）		0.00			
验收	验收申请单位	国网××公司	负责人	×××	签字日期		2018-3-26		
	验收组织单位	国网××公司							
	验收意见	3 月 29 日，国网××公司已组织对信息机房蓄电池进行了巡检，并检查相关信息设备运检工作开展情况，确认信息设备正常，符合《信息典型隐患知识库（V1.0）》（信通运行〔2015〕123 号）中第 9 条"UPS 电源未定期保养隐患"的规定。信息机房 UPS 蓄电池未按周期开展充放电试验的信息系统业务中断隐患已处理							
	结论	验收合格，治理措施已按要求实施，同意注销		是否消除		是			
	验收组长	×××		验收日期		2018-3-29			

10.8.4 通信线路

一般隐患排查治理档案表（1）

2018 年度　　国网××公司

发现	隐患简题	国网××公司 4 月 11 日，调度楼信息机房内的电源线缆和通信线缆散乱的信息网络中断隐患			隐患来源	安全检查	隐患原因	设备设施隐患
	隐患编号	国网××公司 2018××××	隐患所在单位	国家××公司	专业分类	信息	详细分类	通信线路
	发现人	×××	发现人单位	国家××公司	发现日期			2018-4-11
	事故隐患内容	国网××公司调度楼信息机房内的电源线缆和通信线缆散乱，部分线缆未按要求捆扎固定在管槽内或排架上，不满足 Q/GDW 1343—2014《国家电网公司信息机房设计及建设规范》10.11 "机房综合布线可采用两种走线方式：桥架上走线、地板下走线，对于新建机房应采用桥架上走线方式"和 10.15 "信息机房内电力线和信号线应分槽独立铺设，尽可能远离，避免并排和直接交叉穿越，当不能避免时，应采取相应的屏蔽措施"的规定。在电源线缆、通信线缆散乱的情况下，当有运行维护、设备检修时，易导致误操作运行设备或碰断线缆，造成长时间网络中断。可能造成《国家电网公司安全事故调查规程（2017 修正版）》2.4.3.2 定义的"县供电公司级单位本地信息网络不可用，且持续时间 8 小时以上"的七级信息系统事件						
	可能导致后果	可能造成县供电公司信息网络中断的七级信息系统事件			归属职能部门		调度	
预评估	预评估等级	一般隐患	预评估负责人签名		×××	预评估负责人签名日期		2018-4-11
			工区领导审核签名		×××	工区领导审核签名日期		2018-4-13
评估	评估等级	一般隐患	评估负责人签名		×××	评估负责人签名日期		2018-4-16
			评估领导审核签名		×××	评估领导审核签名日期		2018-4-16
治理	治理责任单位	国网××公司		治理责任人		×××		
	治理期限	自	2018-4-11	至		2018-6-30		
	是否计划项目		是否完成计划外备案			计划编号		
	防控措施	（1）将该隐患向信通工作人员进行通报，提醒工作人员不要误操作设备或误碰无关线路。 （2）在线缆散乱处和容易误操作设备的地方，设置警示标识，提醒工作人员谨慎操作。 （3）当有运行维护、设备检修时加强监护，对于电源线缆、通信线缆有些散乱的要重新梳理并确认后再操作。 （4）制订整改计划，尽快梳理并固定好电源线缆、通信线缆						
	治理完成情况	2018 年 6 月 8 日，国网××公司已对调度楼 5 楼信息机房内的电源线缆、通信线缆按要求捆扎固定在管槽内或排架上，满足 Q/GDW 1343—2014《国家电网公司信息机房设计及建设规范》10.11 "机房综合布线可采用两种走线方式：桥架上走线、地板下走线，对于新建机房应采用桥架上走线方式"和 10.15 "信息机房内电力线和信号线应分槽独立铺设，尽可能远离，避免并排和直接交叉穿越，当不能避免时，应采取相应的屏蔽措施"的规定。信息机房内的电源线缆和通信线缆散乱的信息网络中断隐患已处理						
	隐患治理计划资金（万元）		0.00		累计落实隐患治理资金（万元）		0.00	
验收	验收申请单位	国网××公司	负责人		×××	签字日期		2018-6-8
	验收组织单位	国网××公司						
	验收意见	经验收，国网××公司已对调度楼信息机房内的电源线缆、通信线缆按要求捆扎固定在管槽内或排架上，满足 Q/GDW 1343—2014《国家电网公司信息机房设计及建设规范》10.11 "机房综合布线可采用两种走线方式：桥架上走线、地板下走线，对于新建机房应采用桥架上走线方式"和 10.15 "信息机房内电力线和信号线应分槽独立铺设，尽可能远离，避免并排和直接交叉穿越，当不能避免时，应采取相应的屏蔽措施"的规定，信息机房内的电源线缆和通信线缆散乱的信息网络中断隐患已处理						
	结论	验收合格，治理措施已按要求实施，同意注销			是否消除		是	
	验收组长	×××			验收日期		2018-6-11	

101

2018 年度   国网××公司

	隐患简题	国网××公司 3 月 19 日，110kV×××线 93～94 号塔处承载光缆垂落的电网线路失去主保护隐患			隐患来源	日常巡视	隐患原因	设备设施隐患
发现	隐患编号	国网××公司 2018×××	隐患所在单位	通信检修四班	专业分类	信息	详细分类	通信线路
	发现人	×××	发现人单位	通信检修四班	发现日期		2018-3-9	
	事故隐患内容	国网××公司巡视中在 110kV×××线 93～94 号塔处发现 ADSS 光缆弧垂过大，光缆弧垂距地面过低，最低处与农村通信缆相交，不满足 DL/T 5404—2007《电力系统同步数字系列（SDH）光缆通信工程设计技术规定》表 13.3.2 规定的"ADSS 光缆对被跨越物的最小垂直距离要求距一般道路路面为 5.5m"的要求。ADSS 光缆弧垂过低，极有可能被过往车辆挂断导致所承载通信业务中断。一旦中断将影响省公司华为 10G 传输网、省公司华为综合数据网、保护班纵差保护业务。将会造成《国家电网公司安全事故调查规程（2017 修正版）》2.2.6.7 规定的"220kV 上线路、母线失去主保护"的六级电网事件						
	可能导致后果	可能导致电网线路失去主保护的六级电网事件			归属职能部门	信息通信		
预评估	预评估等级	一般隐患	预评估负责人签名	×××	预评估负责人签名日期		2018-3-13	
			工区领导审核签名	×××	工区领导审核签名日期		2018-3-13	
评估	评估等级	一般隐患	评估负责人签名	×××	评估负责人签名日期		2018-3-13	
			评估领导审核签名	×××	评估领导审核签名日期		2018-3-14	
治理	治理责任单位	国网××公司			治理责任人	×××		
	治理期限	自	2018-3-9		至	2018-4-15		
	是否计划项目		是否完成计划外备案			计划编号		
	防控措施	(1) 增强网管巡视，关注×××线功率损耗。 (2) 在线缆散乱处和容易误操作设备的地方，设置警示标识，提醒工作人员谨慎操作						
	治理完成情况	2018 年 4 月 11 日，国网××公司组织运维人员对门庞线 93～94 号塔承载的 ADSS 光缆进行了升高调整，升高了光缆，调整了弧垂。满足 DL/T 5404—2007《电力系统同步数字系列（SDH）光缆通信工程设计技术规定》表 13.3.2 规定的"ADSS 光缆对被跨越物的最小垂直距离要求距一般道路路面为 5.5m"的要求。承载光缆垂落的电网线路失去主保护隐患已处理						
	隐患治理计划资金（万元）		0.00		累计落实隐患治理资金（万元）		0.00	
验收	验收申请单位	国网××公司	负责人	×××	签字日期		2018-4-11	
	验收组织单位	国网××公司						
	验收意见	经验收，×××线 93～94 号塔承载的 ADSS 光缆已完成了升高调整，升高光缆，调整弧垂。升高后光缆距地距离已满足 DL/T 5404—2007《电力系统同步数字系列（SDH）光缆通信工程设计技术规定》表 13.3.2 规定的"ADSS 光缆对被跨越物的最小垂直距离要求距一般道路路面为 5.5m"的要求，承载光缆垂落的电网线路失去主保护隐患已处理						
	结论	验收合格，治理措施已按要求实施，同意注销			是否消除		是	
	验收组长	×××			验收日期		2018-4-11	

10.8.5 物理环境隐患

一般隐患排查治理档案表（1）

发现	隐患简题	国网××公司 5 月 16 日，调度楼 10 楼调控中心信息机房空调制冷装置损坏安全隐患			隐患来源	安全检查	隐患原因	设备设施隐患
	隐患编号	国网××公司/国网××公司 2018××××	隐患所在单位	国家××公司	专业分类	信息	详细分类	物理环境隐患
	发现人	×××	发现人单位	国家××公司	发现日期		2018-5-16	
	事故隐患内容	调度楼 10 楼调控中心信息机房运行 6 年，机房内长期封闭，机房内空调制冷装置损坏，不满足 Q/GDW 1343—2014《国家电网公司信息机房设计及建设规范》6.1.1 "主机房和辅助区内的温度、相对湿度应满足信息设备的使用要求；无特殊要求时，应根据信息机房的等级，按本标准附录 A 的要求执行"的规定。机房内各电器散热量较大，温度较高，空调制冷装置损坏后，热量不能及时排出，可能使设备的温度超过最高限制，引起设备异常运行。可能造成《国家电网公司安全事故调查规程（2017 修正版）》2.3.7.5 定义的"县电力调度控制中心调度自动化系统 SCADA 功能全部丧失 8 小时以上，或延误送电、影响事故处理"的七级设备事件							
	可能导致后果	可能造成延误送电、影响事故处理的七级设备事件				归属职能部门		调度
预评估	预评估等级	一般隐患	预评估负责人签名	×××	预评估负责人签名日期		2018-5-16	
			工区领导审核签名	×××	工区领导审核签名日期		2018-5-16	
评估	评估等级	一般隐患	评估负责人签名	×××	评估负责人签名日期		2018-5-16	
			评估领导审核签名	×××	评估领导审核签名日期		2018-5-17	
治理	治理责任单位	国网××公司		治理责任人		×××		
	治理期限	自	2018-5-16	至		2018-10-31		
	是否计划项目		是否完成计划外备案			计划编号		
	防控措施	（1）调控中心通信部门加强设备监视，每周多巡视两次，密切关注机房内温度变化情况，发现异常情况及时上报。 （2）在机房内设置临时风扇，必要时临时开窗通风。 （3）及时制订整改计划，尽快修好空调制冷装置，降低机房室内温度。 （4）做好应急人员、物资等应急准备工作，严防突发事件							
	治理完成情况	2018 年 5 月 29 日，对调控中心信息机房室内空调制冷装置修好，满足 Q/GDW 1343—2014《国家电网公司信息机房设计及建设规范》6.1.1 "主机房和辅助区内的温度、相对湿度应满足信息设备的使用要求；无特殊要求时，应根据信息机房的等级，按本标准附录 A 的要求执行"的规定。隐患治理完成，申请验收销号							
	隐患治理计划资金（万元）		0.00		累计落实隐患治理资金（万元）		0.00	
验收	验收申请单位	国网××公司	负责人	×××	签字日期		2018-5-29	
	验收组织单位	国网××公司						
	验收意见	经验收，已对调控中心信息机房室内空调制冷装置修好，满足 Q/GDW 1343—2014《国家电网公司信息机房设计及建设规范》6.1.1 "主机房和辅助区内的温度、相对湿度应满足信息设备的使用要求；无特殊要求时，应根据信息机房的等级，按本标准附录 A 的要求执行"的规定，隐患治理完成							
	结论	验收合格，治理措施已按要求实施，同意注销			是否消除		是	
	验收组长	×××			验收日期		2018-5-29	

2018 年度 国网××公司

发现	隐患简题	国网××公司2月7日，二楼信息机房空调故障停运隐患			隐患来源	专项监督	隐患原因	设备设施隐患
	隐患编号	国网××公司/ 国网××公司2018××××	隐患所在单位	国家××公司	专业分类 信息	详细分类	物理环境隐患
	发现人	×××	发现人单位	国家××公司	发现日期	2018-2-7
	事故隐患内容	国网××公司二楼信息机房空调设备经常发生故障停运，造成信息机房空调温度居高不下，一直在30℃左右，不能正常维持机房温度，不能有效满足 Q/GDW 1343—2014《国家电网公司信息机房设计及建设规范》中"机房温度 21～25℃"的要求。容易导致机房温度升高，交换机运行故障等问题，构成《国家电网公司安全事故调查规程（2017修正版）》2.4.3.2 定义的"县供电公司级单位本地信息网络不可用，且持续时间 8 小时以上"的七级信息系统事件					
	可能导致后果	可能造成七级信息系统事件			归属职能部门	运维检修	
预评估	预评估等级	一般隐患	预评估负责人签名	×××	预评估负责人签名日期	2018-2-7	
			工区领导审核签名	×××	工区领导审核签名日期	2018-2-7	
评估	评估等级	一般隐患	评估负责人签名	×××	评估负责人签名日期	2018-2-7	
			评估领导审核签名	×××	评估领导审核签名日期	2018-2-7	
治理	治理责任单位	国网××公司		治理责任人		×××	
	治理期限	自	2018-2-7	至		2018-2-28	
	是否计划项目		是否完成计划外备案		计划编号		
	防控措施	(1) 由信息专责尽快联系空调维修人员，对空调进行维修，保持机房温度。 (2) 派专人加强对机房的巡视，并及时记录温度情况，发现问题及时报送信息专责					
	治理完成情况	已联系空调维修人员，对空调外机进行清洗，更换零件，现在空调可以正常运行，保持机房温度，隐患已治理，申请验收销号					
	隐患治理计划资金（万元）		0.05		累计落实隐患治理资金（万元）		0.00
验收	验收申请单位	国网××公司	负责人	×××	签字日期	2018-2-12	
	验收组织单位	国网××公司					
	验收意见	经验收信息机房空调已经正常工作，机房温度维持在 21～25℃，隐患已消除					
	结论	验收合格，治理措施已按要求实施，同意注销		是否消除		是	
	验收组长	×××			验收日期	2018-2-12	

10.9 交通——管理/车辆管理

2018 年度 国网××公司

发现	隐患简题	国网××公司 6 月 14 日，输电运检室作业车辆冀×××××号携带的车载灭火器已超期隐患			隐患来源	安全检查	隐患原因	设备设施隐患
	隐患编号	国网××公司/国网××公司 2018×××	隐患所在单位	国家××公司	专业分类	交通	详细分类	管理/车辆管理
	发现人	×××	发现人单位	输电运检工区	发现日期		2018-6-14	
	事故隐患内容	国网××公司输电运检室在交通专项检查中发现作业车辆冀×××××号携带的车载灭火器已超期，且压力值在标准值以下，不满足 GB 21861—2014《机动车安全技术检验项目和方法》第六章"客车和危险货物运输车配备的灭火器应在使用有效期内"的规定。夏季行车中，一旦电路过热着火，无法及时扑救，可能构成《国家电网公司安全事故调查规程（2017 修正版）》2.3.7.6 定义的"发生火灾"的七级设备事件						
	可能导致后果	可能发生火灾的七级设备事件			归属职能部门		运维检修	
预评估	预评估等级	一般隐患	预评估负责人签名	×××	预评估负责人签名日期		2018-6-14	
			工区领导审核签名	×××	工区领导审核签名日期		2018-6-15	
评估	评估等级	一般隐患	评估负责人签名	×××	评估负责人签名日期		2018-6-15	
			评估领导审核签名	×××	评估领导审核签名日期		2018-6-17	
治理	治理责任单位	输电运检工区		治理责任人		×××		
	治理期限	自	2018-6-14	至		2018-6-29		
	是否计划项目	否	是否完成计划外备案		是	计划编号		
	防控措施	（1）立即停运封存作业车辆冀×××××号。 （2）组织认真检查所有在运车辆灭火器状况。 （3）统计缺失灭火器或灭火器检查超期的车辆，报安监部统一采购							
	治理完成情况	6 月 20 日，申请购置灭火器到货并进行了更换，更换后车辆检测各项指标合格，满足 GB 21861—2014《机动车安全技术检验项目和方法》第六章"客车和危险货物运输车配备的灭火器应在使用有效期内"的规定，申请验收							
	隐患治理计划资金（万元）	0.00		累计落实隐患治理资金（万元）		0.00		
验收	验收申请单位	国网××公司	负责人	×××	签字日期		2018-6-20	
	验收组织单位	设备管理部						
	验收意见	经验收，国网××公司输电运检室冀×××××号车辆灭火器已更换，满足 GB 21861—2014《机动车安全技术检验项目和方法》第六章"客车和危险货物运输车配备的灭火器应在使用有效期内"的规定，三检无异常，满足安全运行要求，隐患已消除，验收合格							
	结论	验收合格，治理措施已按要求实施，同意注销			是否消除		是	
	验收组长	×××			验收日期		2018-6-20	

一般隐患排查治理档案表（2）

2018 年度

发现	隐患简题	国网××公司 6 月 6 日，××供电所车牌号冀×××××号的在用抢修车门锁损坏安全隐患			隐患来源	安全检查	隐患原因	人身安全隐患
	隐患编号	国网××公司2018××××	隐患所在单位	国网××公司	专业分类	交通	详细分类	管理/车辆管理
	发现人	×××	发现人单位	×××供电所	发现日期	2018-6-6		
	事故隐患内容	×××供电所抢修车冀×××××号，车辆左侧后门门锁损坏，车门锁闭不牢靠，松旷且空隙较大，行驶过程中有时会自动打开，不满足 GB/T 18344—2016《汽车维护、检测、诊断技术规范》"门锁链灵活无松旷，限动装置齐全有效，门关闭牢靠，无旷动"的规定，在车辆行驶中，车门突然打开易引发交通事故，伤及车内及周围人员。可能造成《国家电网公司安全事故调查规程（2017 修正版）》2.1.2.8 定义的"无人员死亡和重伤，但造成 1～2 人轻伤者"的八级人身事件						
	可能导致后果	可能造成交通事故伤人的七级人身事件			归属职能部门		后勤保障部	
预评估	预评估等级	一般隐患		预评估负责人签名	×××	预评估负责人签名日期	2018-6-7	
				工区领导审核签名	×××	工区领导审核签名日期	2018-6-7	
评估	评估等级	一般隐患		评估负责人签名	×××	评估负责人签名日期	2018-6-7	
				评估领导审核签名	×××	评估领导审核签名日期	2018-6-8	
治理	治理责任单位	×××供电所		治理责任人		×××		
	治理期限	自	2018-6-7	至	2018-7-31			
	是否计划项目	否	是否完成计划外备案		是	计划编号		
	防控措施	(1) ×××供电所要合理安排车辆运行时间，减少车辆带病上路。 (2) 必须用车时，在用车前认真检查车辆特别是左侧后门车门锁闭运行状态，并采用绳索或铁丝将车门临时固定。 (3) 将该隐患向所内工作人员及司机进行通报，并在车门处设置临时警告标示。 (4) 牛进庄供电所要制订计划，尽快组织完成维修工作						
	治理完成情况	6 月 20 日，对车辆进行维修，维修后车辆满足 GB/T 18344—2016《汽车维护、检测、诊断技术规范》规定的"门锁链灵活无松旷，限动装置齐全有效，门关闭牢靠，无旷动"的规定，申请验收						
	隐患治理计划资金（万元）		0.00		累计落实隐患治理资金（万元）		0.00	
验收	验收申请单位	×××供电所	负责人	×××	签字日期	2018-6-25		
	验收组织单位	国网××公司						
	验收意见	经验收，×××供电所抢修车冀×××××号车辆损坏的车门已维修，满足 GB/T 18344—2016《汽车维护、检测、诊断技术规范》"门锁链灵活无松旷，限动装置齐全有效，门关闭牢靠，无旷动"的规定。隐患已消除，验收合格						
	结论	验收合格，治理措施已按要求实施，同意注销			是否消除		是	
	验收组长	×××			验收日期	2018-6-25		

一般隐患排查治理档案表（3）

国网××公司

						隐患来源	专项监督	隐患原因	人身安全隐患
发现	隐患简题	国网××公司 5 月 28 日，办公室公务用车冀×××××号左前轮胎出现凸起隐患							
	隐患编号	国网××公司/国网××公司2018××××	隐患所在单位	国网××公司	专业分类	交通		详细分类	管理/车辆管理
	发现人	×××	发现人单位	国网××公司	发现日期		2018-5-28		
	事故隐患内容	国网××公司专项监督发现，办公室公务用车冀×××××号因使用时间长久，日常维护不到位，左前轮胎表面出现凸起，仍照常上路行驶，不满足 GB/T 18344—2016《汽车维护、检测、诊断技术规范》表 1"轮胎表面无破裂、凸起、异物刺入及异常磨损"的规定，在车辆行驶过程中可能发生爆胎引发交通事故，构成《国家电网公司安全事故调查规程（2017 修正版）》2.1.2.8 定义的"无人员死亡和重伤，但造成 1～2 人轻伤者"的八级人身事件							
	可能导致后果	可能造成八级人身事件			归属职能部门		后勤保障部		
预评估	预评估等级	一般隐患		预评估负责人签名	×××	预评估负责人签名日期		2018-5-28	
				工区领导审核签名	×××	工区领导审核签名日期		2018-5-28	
评估	评估等级	一般隐患		评估负责人签名	×××	评估负责人签名日期		2018-5-28	
				评估领导审核签名	×××	评估领导审核签名日期		2018-5-29	
治理	治理责任单位	国网××公司		治理责任人		×××			
	治理期限	自	2018-5-28	至		2018-6-20			
	是否计划项目	否		是否完成计划外备案		是	计划编号		
	防控措施	（1）停驶该车辆，尽快安排车辆维修检查并更换轮胎。 （2）强化车辆管理维护制度，落实责任、资金，要定期开展车辆维护检查							
	治理完成情况	6 月 20 日，对车辆轮胎进行更换，更换后车辆满足 GB/T 18344—2016《汽车维护、检测、诊断技术规范》表 1"轮胎表面无破裂、凸起、异物刺入及异常磨损"的规定，申请验收							
	隐患治理计划资金（万元）	0.00			累计落实隐患治理资金（万元）		0.00		
验收	验收申请单位	国网××公司		负责人	×××	签字日期		2018-6-4	
	验收组织单位	国网××公司							
	验收意见	经验收，国网××公司公务用车冀×××××号车辆左前轮胎已更换，满足 GB/T 18344—2016《汽车维护、检测、诊断技术规范》表 1"轮胎表面无破裂、凸起、异物刺入及异常磨损"的规定。隐患已消除，验收合格							
	结论	经验收，治理措施已按要求实施，同意注销			是否消除		是		
	验收组长	×××			验收日期		2018-6-4		

2018 年度

<table>
<tr><td rowspan="5">发现</td><td>隐患简题</td><td colspan="4">国网××公司5月25日，生产服务用车冀×××××号车辆刹车跑偏的交通安全隐患</td><td>隐患来源</td><td>安全检查</td><td>隐患原因</td><td>人身安全隐患</td></tr>
<tr><td>隐患编号</td><td>国网××公司/
国网××公司
2018××××</td><td>隐患所在单位</td><td colspan="2">综合服务中心</td><td>专业分类</td><td>交通</td><td>详细分类</td><td>管理/车辆管理</td></tr>
<tr><td>发现人</td><td>×××</td><td>发现人单位</td><td colspan="2">综合服务中心</td><td>发现日期</td><td colspan="3">2018-5-25</td></tr>
<tr><td>事故隐患内容</td><td colspan="8">国网××公司生产服务用车冀×××××号车辆检查发现刹车跑偏，轮胎摩擦高低不均，车辆高速不能及时制动，影响人身安全，不满足GB/T 18344—2016《汽车维护、检测、诊断技术规范》中"汽车维护的分级规定，未能及时进行车辆的维护"的要求。车辆在行驶时受到速度的影响，紧急刹车极易造成车辆侧翻或者人身伤害事件，可能造成《国家电网公司安全事故调查规程（2017修正版）》2.1.2.8定义的"无人员死亡和重伤，但造成1～2人轻伤者"的八级人身事件</td></tr>
<tr><td>可能导致后果</td><td colspan="4">可能造成人员受伤的八级人身事件</td><td colspan="2">归属职能部门</td><td colspan="2">后勤保障部</td></tr>
<tr><td rowspan="2">预评估</td><td rowspan="2">预评估等级</td><td rowspan="2" colspan="4">一般隐患</td><td colspan="2">预评估负责人签名</td><td>×××</td><td colspan="2">预评估负责人签名日期</td><td>2018-5-25</td></tr>
<tr><td colspan="2">工区领导审核签名</td><td>×××</td><td colspan="2">工区领导审核签名日期</td><td>2018-5-25</td></tr>
<tr><td rowspan="2">评估</td><td rowspan="2">评估等级</td><td rowspan="2" colspan="4">一般隐患</td><td colspan="2">评估负责人签名</td><td>×××</td><td colspan="2">评估负责人签名日期</td><td>2018-5-25</td></tr>
<tr><td colspan="2">评估领导审核签名</td><td>×××</td><td colspan="2">评估领导审核签名日期</td><td>2018-5-26</td></tr>
<tr><td rowspan="8">治理</td><td>治理责任单位</td><td colspan="4">综合服务中心</td><td colspan="2">治理责任人</td><td colspan="3">×××</td></tr>
<tr><td>治理期限</td><td colspan="2">自</td><td colspan="2">2018-5-25</td><td>至</td><td colspan="4">2018-6-25</td></tr>
<tr><td>是否计划项目</td><td colspan="2">否</td><td colspan="2">是否完成计划外备案</td><td colspan="2">是</td><td colspan="2">计划编号</td><td></td></tr>
<tr><td>防控措施</td><td colspan="9">车辆二班立即停驶该车辆，送修理厂进行刹车系统跑偏检查，调整到规范标准值内</td></tr>
<tr><td>治理完成情况</td><td colspan="9">对车辆的刹车装置进行更换，满足GB/T 18344—2001《汽车维护、检测、诊断技术规范》中"汽车维护的分级规定，未能及时进行车辆的维护"的要求，申请验收</td></tr>
<tr><td colspan="4">隐患治理计划资金（万元）</td><td colspan="3">0.00</td><td colspan="2">累计落实隐患治理资金（万元）</td><td>0.00</td></tr>
<tr><td colspan="11"></td></tr>
<tr><td colspan="11"></td></tr>
<tr><td rowspan="5">验收</td><td>验收申请单位</td><td colspan="3">综合服务中心</td><td>负责人</td><td colspan="2">×××</td><td colspan="2">签字日期</td><td>2018-6-4</td></tr>
<tr><td>验收组织单位</td><td colspan="9">综合服务中心</td></tr>
<tr><td>验收意见</td><td colspan="9">经验收，综合服务中心已对生产服务用车冀×××××号车辆的刹车装置进行更换，满足GB/T 18344—2016《汽车维护、检测、诊断技术规范》中"汽车维护的分级规定，未能及时进行车辆的维护"的要求，隐患治理完成，验收合格</td></tr>
<tr><td>结论</td><td colspan="4">验收合格，治理措施已按要求实施，同意注销</td><td colspan="2">是否消除</td><td colspan="3">是</td></tr>
<tr><td>验收组长</td><td colspan="4">×××</td><td colspan="2">验收日期</td><td colspan="3">2018-6-4</td></tr>
</table>

一般隐患排查治理档案表（5）

2018 年度　　　　　　　　　　　　　　　　　　　　　　　　　　　　　　　　　　　　　国网××公司

发现	隐患简题	国网××公司 5 月 25 日，公务用车冀×××××号后脚左轮胎老化龟裂隐患			隐患来源	专项监督	隐患原因	人身安全隐患
	隐患编号	国网××公司/国网××公司2018××××	隐患所在单位	国网××公司	专业分类	交通	详细分类	管理/车辆管理
	发现人	×××	发现人单位	国网××公司	发现日期		2018-5-25	
	事故隐患内容	国网××公司专项监督发现，公务用车冀×××××号因使用时间长久，日常维护不到位，后脚左轮胎出现龟裂且裂纹较多，仍正常上路行驶，不满足 GB/T 18344—2016《汽车维护、检测、诊断技术规范》表 1 "轮胎表面无破裂、凸起、异物刺入及异常磨损"的规定，在车辆行驶过程中可能发生爆胎引发交通事故，构成《国家电网公司安全事故调查规程（2017 修正版）》2.1.2.8 定义的"无人员死亡和重伤，但造成 1～2 人轻伤者"的八级人身事件						
	可能导致后果	可能造成八级人身事件			归属职能部门		后勤保障部	
预评估	预评估等级	一般隐患	预评估负责人签名	×××	预评估负责人签名日期		2018-5-25	
			工区领导审核签名	×××	工区领导审核签名日期		2018-5-25	
评估	评估等级	一般隐患	评估负责人签名	×××	评估负责人签名日期		2018-5-25	
			评估领导审核签名	×××	评估领导审核签名日期		2018-5-25	
治理	治理责任单位	国网××公司			治理责任人		×××	
	治理期限	自	2018-5-25		至		2018-6-30	
	是否计划项目	否		是否完成计划外备案		是	计划编号	
	防控措施	（1）停驶该车辆，尽快安排车辆维修检查并更换轮胎。 （2）强化车辆管理维护制度，落实责任、资金，要定期开展车辆维护检查						
	治理完成情况	对车辆轮胎进行更换，更换后车辆满足 GB/T 18344—2016《汽车维护、检测、诊断技术规范》表 1 "轮胎表面无破裂、凸起、异物刺入及异常磨损"的规定，申请验收						
	隐患治理计划资金（万元）		0.00		累计落实隐患治理资金（万元）		0.00	
验收	验收申请单位	国网××公司	负责人	×××	签字日期		2018-5-31	
	验收组织单位	国网××公司						
	验收意见	经验收，国网××公司公务用车冀×××××号车辆的轮胎已更换，满足 GB/T 18344—2016《汽车维护、检测、诊断技术规范》表 1 "轮胎表面无破裂、凸起、异物刺入及异常磨损"的规定。隐患已消除，验收合格						
	结论	验收合格，治理措施已按要求实施，同意注销			是否消除		是	
	验收组长	×××			验收日期		2018-5-31	

10.10 安全保卫

一般隐患排查治理档案表（1）

2018 年度

国网××公司

	隐患简题	国网××公司4月11日，×××供电所大门电动装置损坏隐患			隐患来源	安全检查	隐患原因	设备设施隐患
发现	隐患编号	国网××公司/ 国网××公司 2018××××	隐患所在单位	国网××公司	专业分类	安全保卫	详细分类	安全保卫
	发现人	×××	发现人单位	×××供电所	发现日期		2018-4-11	
	事故隐患内容	国网××公司×××供电所大门电动装置因使用频繁及维护不及时，造成大门不能自动开关，导致供电所大门不能有效闭合隐患。该供电所与110kV××变电站所合一，该供电所大门电动装置损坏，不能有效关闭，易发生外部人员进入活动区、设备区进行偷盗或破坏活动，导致财产损失或停电事故，可能造成《国家电网公司安全事故调查规程（2017修正版）》2.2.7.1 "35kV以上输变电设备异常运行或被迫停止运行，并造成减供负荷者" 的七级电网事件						
	可能导致后果	可能造成七级电网事件			归属职能部门		运维检修	
预评估	预评估等级	一般隐患	预评估负责人签名	×××	预评估负责人签名日期		2018-4-11	
			工区领导审核签名	×××	工区领导审核签名日期		2018-4-11	
评估	评估等级	一般隐患	评估负责人签名	×××	评估负责人签名日期		2018-4-11	
			评估领导审核签名	×××	评估领导审核签名日期		2018-4-12	
治理	治理责任单位	国网××公司		治理责任人		×××		
	治理期限	自	2018-4-11	至		2018-5-31		
	是否计划项目		是否完成计划外备案			计划编号		
	防控措施	（1）加强日常巡视力度，加强对外来人员的出入登记情况，及时对大门的电动装置进行修理维护。 （2）19时后供电所值班人员人力先将大门进行关闭，次日早七点手动拉开大门，确保正常办公秩序						
	治理完成情况	2018年5月9日，由厂家的维修人员对损坏的电动装置进行维修，目前电动装置已恢复正常使用，可以保证大门开关，申请验收销号						
	隐患治理计划资金（万元）		0.20		累计落实隐患治理资金（万元）		0.00	
验收	验收申请单位	国网××公司	负责人	×××	签字日期		2018-5-9	
	验收组织单位	国网××公司						
	验收意见	经验收，电动装置已修理好，隐患消除						
	结论	验收合格，治理措施已按要求实施，同意注销			是否消除		是	
	验收组长	×××			验收日期		2018-5-9	

一般隐患排查治理档案表（2）

发现	隐患简题	国网××公司 3 月 28 日，中心门岗安保人员配置不足隐患			隐患来源	专项监督	隐患原因	其他事故隐患
	隐患编号	国网××公司/ 国网××公司 2018××××	隐患所在单位	后勤保障部	专业分类	安全保卫	详细分类	安全保卫
	发现人	×××	发现人单位	后勤保障部	发现日期		2018-3-28	
	事故隐患内容	国网××公司北门、东门安保人员配置不足，由于省公司即将入驻国网××公司办公，人员车辆等出入增多，工作量会成倍增加，就目前人员配置明显不能满足正常值班需求，不满足《企业事业单位内部治安保卫条例》（国务院令第 421 号）第六条规定的"单位应当根据内部治安保卫工作的需求，设置治安保卫机构或者配备专职、兼职治安保卫人员"的要求。若发生群体性突发事件，无法保证门禁系统正常管理，安保人员也无法正确及时履行治安保卫职责，可能造成《国家电网公司安全事故调查规程（2017 修正版）》2.1.2.8 定义的"无人员死亡和重伤，但造成 1～2 人轻伤者"的八级人身事件						
	可能导致后果	可能造成八级人身事件			归属职能部门		后勤保障部	
预评估	预评估等级	一般隐患	预评估负责人签名	×××	预评估负责人签名日期		2018-3-28	
			工区领导审核签名	×××	工区领导审核签名日期		2018-3-28	
评估	评估等级	一般隐患	评估负责人签名	×××	评估负责人签名日期		2018-3-28	
			评估领导审核签名	×××	评估领导审核签名日期		2018-3-29	
治理	治理责任单位	后勤保障部		治理责任人		×××		
	治理期限	自	2018-3-28	至		2018-4-30		
	是否计划项目	是	是否完成计划外备案			计划编号		
	防控措施	（1）根据中心值班保卫需求，重点部位增加人员配置。 （2）加强现有安保人员门禁管理，对外来人员、车辆等严格按照中心要求进行办理进入。 （3）加强现有人员防控反恐技能，增强应对突发事件的能力						
	治理完成情况	2018 年 4 月 18 日，结合中心北门、东门安保人员配置需求情况，在省公司入驻期间，对中心门岗安保人员临时增加 3 名，满足治安保卫条例相关规定要求，该安全隐患治理完成						
	隐患治理计划资金（万元）		10.00		累计落实隐患治理资金（万元）		0.00	
验收	验收申请单位	国网××公司	负责人	×××	签字日期		2018-4-18	
	验收组织单位	后勤保障部						
	验收意见	经验收，整改措施已落实，满足《企业事业单位内部治安保卫条例》（国务院令第 421 号）第六条规定的"单位应当根据内部治安保卫工作的需求，设置治安保卫机构或者配备专职、兼职治安保卫人员"的要求。该安全隐患治理完成						
	结论	验收合格，治理措施已按要求实施，同意注销			是否消除		是	
	验收组长	×××			验收日期		2018-4-19	

					隐患来源	专项监督	隐患原因	设备设施隐患
发现	隐患简题	国网××公司 2 月 7 日，35kV×××站变电站伸缩门损坏隐患						
	隐患编号	国网××公司/国网××公司 2018×××	隐患所在单位	国网××公司	专业分类	安全保卫	详细分类	安全保卫
	发现人	×××	发现人单位	国网××公司	发现日期		2018-2-7	
	事故隐患内容	国网××公司在春节期间治安保卫工作排查中发现 35kV×××站变电站伸缩门损坏，大门无法正常关闭，失去门禁作用。不满足《国家电网公司变电运维管理规定（试行）》[国网（运检/3）828—2017] 中《第 26 分册　辅助设施运维细则》2.1.3 "大门开启灵活，安装牢固，无锈蚀、变形" 的规定。该站属无人值守变电站，门锁损坏易发生外部人员进入设备区、生活区进行偷盗或破坏活动，导致财产损失或停电事故，可能造成《国家电网公司安全事故调查规程（2017 修正版）》2.2.7.1 "35kV 以上输变电设备异常运行或被迫停止运行，并造成减供负荷者" 的七级电网事件						
	可能导致后果	可能造成七级电网事件			归属职能部门		运维检修	
预评估	预评估等级	一般隐患	预评估负责人签名	×××	预评估负责人签名日期		2018-2-7	
			工区领导审核签名	×××	工区领导审核签名日期		2018-2-7	
评估	评估等级	一般隐患	评估负责人签名	×××	评估负责人签名日期		2018-2-7	
			评估领导审核签名	×××	评估领导审核签名日期		2018-2-7	
治理	治理责任单位	国网××公司		治理责任人		×××		
	治理期限	自	2018-2-7	至		2018-3-9		
	是否计划项目		是否完成计划外备案			计划编号		
	防控措施	(1) 恢复有人值班，防止外来人员进入。 (2) 晚上用人力先将伸缩门进行关闭。 (3) 由设备管理部专责联系厂家来对伸缩门进行维修，更换电机						
	治理完成情况	2018 年 2 月 8 日，设备管理部联系厂家来到 35kV×××站变电站，对变电站伸缩门电机进行更换，现在 35kV×××站大门已经可以正常开关，满足《国家电网公司变电运维管理规定（试行）》[国网（运检/3）828—2017] 中《第 26 分册　辅助设施运维细则》2.1.3 "大门开启灵活，安装牢固，无锈蚀、变形" 的规定，申请验收销号						
	隐患治理计划资金（万元）		0.01		累计落实隐患治理资金（万元）		0.00	
验收	验收申请单位	国网××公司	负责人	×××	签字日期		2018-2-12	
	验收组织单位	国网××公司						
	验收意见	变电站伸缩门已更换电机，现在 35kV×××站大门已经可以正常开关，满足《国家电网公司变电运维管理规定（试行）》[国网（运检/3）828—2017] 中《第 26 分册　辅助设施运维细则》2.1.3 "大门开启灵活，安装牢固，无锈蚀、变形" 的规定。隐患已消除						
	结论	验收合格，治理措施已按要求实施，同意注销			是否消除		是	
	验收组长	×××			验收日期		2018-2-12	

10.11 环境保护

一般隐患排查治理档案表（1）

2018 年度   国网××公司

					隐患来源	日常巡视	隐患原因	设备设施隐患
发现	隐患简题	国网××公司 4 月 21 日，35kV×××变电站 2 号主变压器严重漏油的安全隐患			隐患来源	日常巡视	隐患原因	设备设施隐患
	隐患编号	国网××公司2018××××	隐患所在单位	国网××公司	专业分类	环境保护	详细分类	环境保护
	发现人	×××	发现人单位	检修试验班	发现日期		2018-4-21	
	事故隐患内容	国网××公司，35kV×××变电站 2 号主变压器漏油严重，不满足 HJ 705—2014《建设项目竣工环境保护验收技术规范　输变电工程》6.10.1 规定的"调查工程运行期存在的环境风险因素，重点调查站式工程运行期变压器、高压电抗器等设备冷却油外泄污染风险事故应急预案、事故油池等应急设施和措施、事故油池巡查和维护管理制度是否完善"的要求。若变压器发生事故，变压器油易泄漏至土壤当中形成环境污染，可能造成《国家电网公司安全事故调查规程（2017 修正版）》2.3.5.9 定义的"因泄漏导致环境污染造成重大影响者"的五级设备事件						
	可能导致后果	可能造成环境污染的五级设备事件			归属职能部门		运维检修	
预评估	预评估等级	一般隐患	预评估负责人签名	×××	预评估负责人签名日期		2018-4-21	
			工区领导审核签名	×××	工区领导审核签名日期		2018-4-21	
评估	评估等级	一般隐患	评估负责人签名	×××	评估负责人签名日期		2018-4-22	
			评估领导审核签名	×××	评估领导审核签名日期		2018-4-24	
治理	治理责任单位	国网××公司		治理责任人		×××		
	治理期限	自	2018-4-21	至		2018-5-21		
	是否计划项目		是否完成计划外备案			计划编号		
	防控措施	（1）变电检修运维班人员加强对 35kV×××变电站 2 号主变压器的运行监控，密切关注该变压器的温度情况，防止泄漏事故发生。 （2）制订计划进行维修						
	治理完成情况	变电检修班于 5 月 15 日对 35kV××变电站 2 号主变压器进行大修工作，主变压器漏油隐患已经处理完毕，变压器漏油隐患治理完成						
	隐患治理计划资金（万元）		0.50		累计落实隐患治理资金（万元）		0.50	
验收	验收申请单位	国网××公司		负责人	×××	签字日期	2018-5-17	
	验收组织单位	国网××公司						
	验收意见	经验收，国网××公司已于 5 月 15 日对 35kV×××变电站 2 号主变压器进行大修工作，主变压器漏油隐患已经处理完毕，满足 HJ 705—2014《建设项目竣工环境保护验收技术规范　输变电工程》6.10.1 规定的"调查工程运行期存在的环境风险因素，重点调查站式工程运行期变压器、高压电抗器等设备冷却油外泄污染风险事故应急预案、事故油池等应急设施和措施、事故油池巡查和维护管理制度是否完善"的要求。主变压器漏油隐患已消除，隐患治理完成						
	结论	验收合格，治理措施已按要求实施，同意注销			是否消除		是	
	验收组长	×××			验收日期		2018-5-17	

113

一般隐患排查治理档案表（2）

2018 年度 国网××公司

					隐患来源	安全检查	隐患原因	设备设施隐患
发现	隐患简题	国网××公司 4 月 12 日，×××化学品仓库未加装通风、消防设施的火灾隐患						
	隐患编号	国网××公司 2018××××	隐患所在单位	×××研究所	专业分类	环境保护	详细分类	环境保护
	发现人	×××	发现人单位	×××研究所	发现日期	2018-4-12		
	事故隐患内容	国网××公司×××研究所危险品仓库内未加装通风、消防设施，不满足《防止电力生产事故的二十五项重点要求》（国能安全〔2014〕161 号）1.9.5 "危险化学品专用仓库必须装设机械通风装置、冲洗水源及排水设施，并设专人管理，建立健全档案、台账，并有出入库登记。化学实验室必须装设通风和机械通风设备，应有自来水、消防器械、急救药箱、酸（碱）伤害急救中和用药、毛巾、肥皂等"的要求。库房中存放有乙醇、丙酮等易燃、挥发性药品，温度、浓度过高可能造成《国家电网公司安全事故调查规程（2017 修正版）》2.3.7.6 定义的"发生火灾"的七级设备事件						
	可能导致后果	可能造成发生火灾的七级设备事件			归属职能部门		发展策划	
预评估	预评估等级	一般隐患	预评估负责人签名	×××	预评估负责人签名日期		2018-4-12	
			工区领导审核签名	×××	工区领导审核签名日期		2018-4-12	
评估	评估等级	一般隐患	评估负责人签名	×××	评估负责人签名日期		2018-4-13	
			评估领导审核签名	×××	评估领导审核签名日期		2018-4-13	
治理	治理责任单位	×××研究所		治理责任人		×××		
	治理期限	自	2018-4-13	至		2018-5-31		
	是否计划项目	是	是否完成计划外备案			计划编号		
	防控措施	（1）盘点并重新归置、疏散摆放×××化学品仓库所有化学药品，避免集中堆垛。 （2）每天对化学品仓库进行巡视，人工开窗通风。 （3）联系综合服务中心，尽快安装通风及消防设施						
	治理完成情况	国网××公司综合服务中心联合×××研究所于 5 月 10～12 日对危险化学品仓库中的指定位置设立了专用的通风、消防设施，设置了醒目的有效标识并定期检定。×××研究所危险品仓库未加装通风、消防设施的隐患治理完成						
	隐患治理计划资金（万元）		0.00		累计落实隐患治理资金（万元）		0.00	
验收	验收申请单位	国网××公司	负责人	×××	签字日期		2018-5-30	
	验收组织单位	×××研究所						
	验收意见	经验收，国网××公司综合服务中心联合×××研究所试验室在危险化学品仓库中的指定位置设立了专用的通风、消防设施，设置了醒目的有效标识并定期检定。满足《防止电力生产事故的二十五项重点要求》（国能安全〔2014〕161 号）1.9.5 "危险化学品专用仓库必须装设机械通风装置、冲洗水源及排水设施，并设专人管理，建立健全档案、台账，并有出入库登记。化学实验室必须装设通风和机械通风设备，应有自来水、消防器械、急救药箱、酸（碱）伤害急救中和用药、毛巾、肥皂等"的要求。×××研究所危险品仓库未加装通风、消防设施的隐患治理完成						
	结论	验收合格，治理措施已按要求实施，同意注销			是否消除		是	
	验收组长	×××			验收日期		2018-5-30	

一般隐患排查治理档案表（3）

发现	隐患简题	国网××公司 4 月 10 日，35kV×××变电站 2 号主变压器高压侧 A 相绝缘套管上端渗油隐患			隐患来源	检修预试	隐患原因	设备设施隐患
	隐患编号	国网××公司 2018××××	隐患所在单位	国网××公司	专业分类	环境保护	详细分类	环境保护
	发现人	×××	发现人单位	变电运维班	发现日期		2018-4-10	
	事故隐患内容	国网××公司 35kV×××变电站 2 号主变压器高压侧 A 相绝缘套管上端损坏、渗油，不满足 HJ 705—2014《建设项目竣工环境保护验收技术规范 输变电工程》6.10.1 规定的"调查工程运行期存在的环境风险因素，重点调查站式工程运行期变压器、高压电抗器等设备冷却油外泄污染风险事故应急预案、事故油池等应急设施和措施、事故油池巡查和维护管理制度是否完善"的要求。若变压器油持续泄漏，易发生变压器油大量泄漏至土壤当中形成环境污染。可能造成《国家电网公司安全事故调查规程（2017 修正版）》2.3.5.9 定义的"因泄漏导致环境污染造成重大影响者"的五级设备事件						
	可能导致后果	可能造成环境污染的五级设备事件			归属职能部门		运维检修	
预评估	预评估等级	一般隐患		预评估负责人签名	×××	预评估负责人签名日期		2018-4-10
				工区领导审核签名	×××	工区领导审核签名日期		2018-4-10
评估	评估等级	一般隐患		评估负责人签名	×××	评估负责人签名日期		2018-4-10
				评估领导审核签名	×××	评估领导审核签名日期		2018-4-10
治理	治理责任单位	变电运维班			治理责任人		×××	
	治理期限	自	2018-4-10	至		2018-6-30		
	是否计划项目		是否完成计划外备案			计划编号		
	防控措施	（1）调控分中心加强此设备运行信息监控，变电运维班重点加强该站的设备巡视监控，防止泄漏事故发生。 （2）制订停电计划对 2 号主变压器高压侧 A 相绝缘套管上端进行维修						
	治理完成情况	2018 年 5 月 17 日，35kV×××变电站停电，对 2 号主变压器高压侧 A 相绝缘套管上端进行维修，端部密封完好，满足 HJ 705—2014《建设项目竣工环境保护验收技术规范 输变电工程》6.10.1 规定的"调查工程运行期存在的环境风险因素，重点调查站式工程运行期变压器、高压电抗器等设备冷却油外泄污染风险事故应急预案、事故油池等应急设施和措施、事故油池巡查和维护管理制度是否完善"的要求。变压器绝缘套管渗油隐患治理完成						
	隐患治理计划资金（万元）		0.50		累计落实隐患治理资金（万元）		0.50	
验收	验收申请单位	国网××公司		负责人	×××	签字日期		2018-5-17
	验收组织单位	国网××公司						
	验收意见	经验收，检修班对 35kV×××变电站 2 号主变压器渗油部位进行了处理，绝缘套管上端部密封完好，满足 HJ 705—2014《建设项目竣工环境保护验收技术规范 输变电工程》6.10.1 规定的"调查工程运行期存在的环境风险因素，重点调查站式工程运行期变压器、高压电抗器等设备冷却油外泄污染风险事故应急预案、事故油池等应急设施和措施、事故油池巡查和维护管理制度是否完善"的要求。套管渗油隐患治理完成						
	结论	验收合格，治理措施已按要求实施，同意注销			是否消除		是	
	验收组长	×××			验收日期		2018-5-17	

一般隐患排查治理档案表（4）

2018 年度 国网××公司

发现	隐患简题	国网××公司 2 月 24 日，35kV×××变电站 2 号主变压器储油柜油位计处渗油隐患			隐患来源	安全检查	隐患原因	设备设施隐患
	隐患编号	国网××公司/国网××公司2018××××	隐患所在单位	国网××公司	专业分类	环境保护	详细分类	环境保护
	发现人	×××	发现人单位	国网××公司	发现日期		2018-2-24	
	事故隐患内容	国网××公司 35kV×××变电站 2 号主变压器储油柜油位计处渗油，不满足 HJ 705—2014《建设项目竣工环境保护验收技术规范 输变电工程》6.10.1 规定的"调查工程运行期存在的环境风险因素，重点调查站式工程运行期变压器、高压电抗器等设备冷却油外泄污染风险事故应急预案、事故油池等应急设施和措施、事故油池巡查和维护管理制度是否完善"的要求。若变压器发生事故，变压器油易泄漏至土壤当中形成环境污染。可能造成《国家电网公司安全事故调查规程（2017 修正版）》2.3.5.9 定义的"因泄漏导致环境污染造成重大影响者"的五级设备事件						
	可能导致后果	可能造成五级设备事件			归属职能部门		运维检修	
预评估	预评估等级	一般隐患	预评估负责人签名	×××	预评估负责人签名日期		2018-2-24	
			工区领导审核签名	×××	工区领导审核签名日期		2018-2-27	
评估	评估等级	一般隐患	评估负责人签名	×××	评估负责人签名日期		2018-2-27	
			评估领导审核签名	×××	评估领导审核签名日期		2018-2-27	
治理	治理责任单位	国网××公司		治理责任人		×××		
	治理期限	自	2018-2-24	至		2018-3-24		
	是否计划项目		是否完成计划外备案			计划编号		
	防控措施	变电运维班每日重点加强 35kV×××变电站 2 号主变压器的运行监控，防止泄漏扩大的发生						
	治理完成情况	变电检修班于 3 月 19 日，将 35kV×××变电站 2 号主变压器停电，对油位计胶垫进行了更换，对漏油进行了防污处理，治理后满足 HJ 705—2014《建设项目竣工环境保护验收技术规范 输变电工程》的要求，申请验收销号						
	隐患治理计划资金（万元）		0.40		累计落实隐患治理资金（万元）		0.00	
验收	验收申请单位	国网××公司		负责人	×××	签字日期	2018-3-19	
	验收组织单位	国网××公司						
	验收意见	隐患已消除，满足 HJ 705—2014《建设项目竣工环境保护验收技术规范 输变电工程》6.10.1 规定的"调查工程运行期存在的环境风险因素，重点调查站式工程运行期变压器、高压电抗器等设备冷却油外泄污染风险事故应急预案、事故油池等应急设施和措施、事故油池巡查和维护管理制度是否完善"的要求。验收通过						
	结论	验收合格，治理措施已按要求实施，同意注销			是否消除		是	
	验收组长	×××			验收日期		2018-3-20	

116

发现	隐患简题	国网××公司 2 月 8 日，35kV×××变电站主变压器中性点高压绝缘套管渗油隐患			隐患来源	安全检查	隐患原因	设备设施隐患
	隐患编号	国网××公司/国网××公司2018××××	隐患所在单位	国网××公司	专业分类	环境保护	详细分类	环境保护
	发现人	×××	发现人单位	国网××公司	发现日期	2018-2-8		
	事故隐患内容	国网××公司 35kV×××变电站 2 号主变压器中性点高压绝缘套管渗油，不满足《国家电网有限公司十八项电网重大反事故措施（2018 年修订版）及编制说明》9.5.7 规定的"套管渗漏油时，应及时处理，防止内部受潮损坏"。并且 2 号主变压器油池老化，若变压器发生事故，变压器油易泄漏至土壤中形成环境污染。构成《国家电网公司安全事故调查规程（2017 修正版）》2.3.5.9 定义的"因泄漏导致环境污染造成重大影响者"的五级设备事件						
	可能导致后果	可能造成五级设备事件			归属职能部门		运维检修	
预评估	预评估等级	一般隐患	预评估负责人签名	×××	预评估负责人签名日期	2018-2-8		
			工区领导审核签名	×××	工区领导审核签名日期	2018-2-8		
评估	评估等级	一般隐患	评估负责人签名	×××	评估负责人签名日期	2018-2-8		
			评估领导审核签名	×××	评估领导审核签名日期	2018-2-9		
治理	治理责任单位	国网××公司		治理责任人	×××			
	治理期限	自	2018-2-8	至	2018-5-31			
	是否计划项目		是否完成计划外备案		计划编号			
	防控措施	调控分中心加强此设备运行信息监控，变电运维班重点加强该站的设备巡视监控，防止泄漏事故发生，制订计划更换高压套管						
	治理完成情况	5 月 29 日，变电运维班×××、×××对 35kV×××变电站 2 号主变压器中性点高压绝缘套管进行了维修，维修后已满足《国家电网有限公司十八项电网重大反事故措施（2018 年修订版）及编制说明》9.5.7 规定的"套管渗漏油时，应及时处理，防止内部受潮损坏"。主变压器中性点高压绝缘套管渗油隐患已处理，申请验收销号						
	隐患治理计划资金（万元）	0.50		累计落实隐患治理资金（万元）	0.00			
验收	验收申请单位	国网××公司	负责人	×××	签字日期	2018-5-29		
	验收组织单位	国网××公司						
	验收意见	隐患已消除，已满足《国家电网有限公司十八项电网重大反事故措施（2018 年修订版）及编制说明》9.5.7 规定的"套管渗漏时，应及时处理，防止内部受潮损坏"。主变压器中性点高压绝缘套管渗油隐患已处理，验收合格						
	结论	验收合格，治理措施已按要求实施，同意注销		是否消除	是			
	验收组长	×××		验收日期	2018-5-29			

10.12 后勤

一般隐患排查治理档案表（1）

发现	隐患简题	国网××公司 5 月 12 日，35kV×××变电站安全工器具室房檐防雨挡板损坏安全隐患			隐患来源	日常巡视	隐患原因	设备设施隐患
	隐患编号	国网××公司/国网××公司2018×××	隐患所在单位	国网××公司	专业分类	后勤	详细分类	后勤
	发现人	×××	发现人单位	设备管理部	发现日期		2018-5-12	
	事故隐患内容	35kV×××变电站站内北侧平房，安全工器具室房檐防雨挡板损坏，有超过 2m 部分掀起，该部位距离 35kV 1 号母线不足 5m，若遇有大风吹起挡板，刮落到母线上将导致母线相间或对地放电，引发母线跳闸，站内设备被迫停运。可能造成《国家电网公司安全事故调查规程（2017 修正版）》2.2.7.1 定义的"35kV 以上输变电设备异常运行或被迫停止运行，并造成减供负荷者"的七级电网事件						
	可能导致后果	可能造成 35kV 线路停运负荷减供的七级电网事件			归属职能部门		运维检修	
预评估	预评估等级	一般隐患	预评估负责人签名	×××	预评估负责人签名日期		2018-5-12	
			工区领导审核签名	×××	工区领导审核签名日期		2018-5-12	
评估	评估等级	一般隐患	评估负责人签名	×××	评估负责人签名日期		2018-5-12	
			评估领导审核签名	×××	评估领导审核签名日期		2018-5-13	
治理	治理责任单位	设备管理部		治理责任人		×××		
	治理期限	自	2018-5-12	至		2018-9-20		
	是否计划项目		是否完成计划外备案			计划编号		
	防控措施	（1）组织工作人员对损坏的挡雨板采取临时加固措施。 （2）指定隐患专责负责人，遇有大风、降雨等天气前后进行巡视，观察损坏状况。 （3）将该隐患列入整改治理计划，尽快完成挡雨板修复或更换。 （4）做好应急人员及车辆等准备工作，严防突发事件						
	治理完成情况	2018 年 6 月 8 日，由设备管理部对 35kV×××变电站安全工器具室房檐防雨挡板进行维修，隐患治理完毕						
	隐患治理计划资金（万元）		0.00		累计落实隐患治理资金（万元）		0.00	
验收	验收申请单位	国网××公司	负责人	×××	签字日期		2018-6-8	
	验收组织单位	国网××公司						
	验收意见	经验收，设备管理部对 35kV×××变电站安全工器具室房檐防雨挡板进行维修，满足安全运行要求，隐患治理完毕						
	结论	验收合格，治理措施已按要求实施，同意注销			是否消除		是	
	验收组长	×××			验收日期		2018-6-8	

一般隐患排查治理档案表（2）

发现	隐患简题	国网××公司 5 月 26 日，220kV 新建×××变电站工程项目工地食堂卫生条件差安全隐患			隐患来源	安全检查	隐患原因	人身安全隐患
	隐患编号	国网××公司 2018××××	隐患所在单位	变电运维室	专业分类	后勤	详细分类	后勤
	发现人	×××	发现人单位	×××运维班	发现日期	2018-6-14		
	事故隐患内容	新建×××220kV 变电站工程项目工地食堂就餐人员有施工安装人员、项目管理人员、监理员、厂家指导人员等近 80 人，厨师 1 名，制作时间长、工作量大，地面腐败菜叶未清理，食品容器表面污垢，污水随意流，卫生环境极差，存在食品污染隐患。可能因施工人员食物中毒而造成《国家电网公司安全事故调查规程（2017 修正版）》2.1.2.8 定义的"无人员死亡和重伤，但造成 1～2 人轻伤者"的八级人身事件						
	可能导致后果	可能造成八级人身事件			归属职能部门	后勤保障部		
预评估	预评估等级	一般隐患	预评估负责人签名	×××	预评估负责人签名日期	2018-6-14		
			工区领导审核签名	×××	工区领导审核签名日期	2018-6-14		
评估	评估等级	一般隐患	评估负责人签名	×××	评估负责人签名日期	2018-6-17		
			评估领导审核签名	×××	评估领导审核签名日期	2018-6-17		
治理	治理责任单位	变电运维室			治理责任人	×××		
	治理期限	自	2018-6-17	至	2018-10-31			
	是否计划项目	是否完成计划外备案			计划编号			
	防控措施	向变电施工项目部下发《安全隐患整改通知单》，同时增加临时帮忙人员，对厨房卫生进行临时集中清扫						
	治理完成情况	（1）6 月 5 日已向变电施工项目部下发《安全隐患整改通知单》，已经增加 1 名厨师人员，管理员带领 2 名厨师对厨房进行打扫、消毒、清理废物确保厨房干净卫生。 （2）办公室配合管理员已制定食堂每日食谱，保证餐餐菜品新鲜						
	隐患治理计划资金（万元）	0.00			累计落实隐患治理资金（万元）	0.00		
验收	验收申请单位	变电运维室	负责人	×××	签字日期	2018-6-25		
	验收组织单位	国网××公司						
	验收意见	隐患已消除，验收合格						
	结论	验收合格，治理措施已按要求实施，同意注销			是否消除	是		
	验收组长	×××			验收日期	2018-6-25		

一般隐患排查治理档案表（3）

国网××公司

						隐患来源	专项监督	隐患原因	人身安全隐患
发现	隐患简题	国网××公司 4 月 16 日，办公大楼南墙破旧窗户脱落隐患							
	隐患编号	国网××公司/ 国网××公司 2018××××	隐患所在单位	国网××公司	专业分类	后勤	详细分类	后勤	
	发现人	×××	发现人单位	国网××公司	发现日期		2018-4-16		
	事故隐患内容	国网××公司办公大楼南墙窗户是 2000 年的塑钢窗户，由于年久失修，受到风雨侵蚀，造成部分窗框松动，即将脱落，且窗框处玻璃出现松动，随时有坠落的可能，坠落地面附近紧办公大楼楼道口，人员走动频繁，窗户坠落易砸伤行人，可能造成《国家电网公司安全事故调查规程（2017 修正版）》2.1.2.8 定义的"无人员死亡和重伤，但造成 1~2 人轻伤者"的八级人身事件							
	可能导致后果	可能造成八级人身事件			归属职能部门		后勤保障部		
预评估	预评估等级	一般隐患	预评估负责人签名	×××	预评估负责人签名日期		2018-4-16		
			工区领导审核签名	×××	工区领导审核签名日期		2018-4-16		
评估	评估等级	一般隐患	评估负责人签名	×××	评估负责人签名日期		2018-4-16		
			评估领导审核签名	×××	评估领导审核签名日期		2018-4-17		
治理	治理责任单位	国网××公司		治理责任人		×××			
	治理期限	自	2018-4-16	至		2018-7-31			
	是否计划项目		是否完成计划外备案			计划编号			
	防控措施	(1) 加强巡视监控，告知职工注意事项，在未处理前，先将上部松动的窗框进行加固，防止出现伤人。 (2) 申报改造计划，尽快整改，按照工艺要求进行整改验收。 (3) 在还未更换的破旧窗框处在大楼下方放置围栏，对可能下落的地点进行封挡，并对窗框及周围墙砖进行加固							
	治理完成情况	2018 于 5 月 15 日更换了窗户，治理后满足《塑钢门窗技术标准》的要求，申请验收销号							
	隐患治理计划资金（万元）		0.50			累计落实隐患治理资金（万元）		0.00	
验收	验收申请单位	国网××公司	负责人	×××	签字日期		2018-5-15		
	验收组织单位	国网××公司							
	验收意见	隐患已消除，验收合格							
	结论	验收合格，治理措施已按要求实施，同意注销			是否消除		是		
	验收组长	×××			验收日期		2018-5-15		

2018 年度

国网××公司

发现	隐患简题	国网××公司 4 月 16 日，×××供电所办公楼南侧外墙房檐处水泥脱落隐患			隐患来源	安全检查	隐患原因	人身安全隐患
	隐患编号	国网××公司/国网××公司 2018××××	隐患所在单位	国网××公司	专业分类	后勤	详细分类	后勤
	发现人	×××	发现人单位	国网××公司	发现日期		2018-4-16	
	事故隐患内容	国网××公司×××供电所办公楼南墙房檐处，由于受到长时间的风雨侵蚀，造成水泥出现了成块掉落，不符合 JGJ 126—2015《外墙饰面砖工程施工及验收规程》中"外墙饰面砖必须粘贴牢固，不得出现空鼓"的要求，且坠落地面范围正好是出入供电所办公楼大门台阶处，人员走动频繁，成块水泥坠落易砸伤人员，可能造成《国家电网公司安全事故调查规程（2017 修正版）》2.1.2.8 定义的"无人员死亡和重伤，但造成 1～2 人轻伤者"的八级人身事件						
	可能导致后果	可能造成八级人身事件			归属职能部门		后勤保障部	
预评估	预评估等级	一般隐患	预评估负责人签名	×××	预评估负责人签名日期		2018-4-16	
			工区领导审核签名	×××	工区领导审核签名日期		2018-4-16	
评估	评估等级	一般隐患	评估负责人签名	×××	评估负责人签名日期		2018-4-16	
			评估领导审核签名	×××	评估领导审核签名日期		2018-4-17	
治理	治理责任单位	国网××公司		治理责任人		×××		
	治理期限	自	2018-4-16	至		2018-5-15		
	是否计划项目		是否完成计划外备案			计划编号		
	防控措施	（1）加强巡视监控，告知供电所职工注意事项，在未处理前，先将上部松动的部分处理掉，防止出现伤人。 （2）申报改造计划，尽快整改，按照工艺要求进行整改验收。 （3）在水泥块下落范围放置围栏，对可能下落的地点进行封挡						
	治理完成情况	5 月 14 日，国网××公司办公室联系装修人员对×××供电所办公楼外墙水泥脱落隐患进行了处理，处理后已满足 JGJ 126—2015《外墙饰面砖工程施工及验收规程》中"外墙饰面砖必须粘贴牢固，不得出现空鼓"的要求，申请验收销号						
	隐患治理计划资金（万元）		0.50		累计落实隐患治理资金（万元）		0.00	
验收	验收申请单位	国网××公司	负责人	×××	签字日期		2018-5-14	
	验收组织单位	国网××公司						
	验收意见	隐患已消除，验收合格						
	结论	验收合格，治理措施已按要求实施，同意注销		是否消除		是		
	验收组长		×××		验收日期		2018-5-14	

一般隐患排查治理档案表（5）

2018 年度

国网××公司

发现	隐患简题	国网××公司 4 月 10 日，35kV×××站控制室屋顶漏雨导致设备误动的隐患		隐患来源	日常巡视	患原因	设备设施隐患
	隐患编号	国网××公司/ 国网××公司 2018××××	隐患所在单位	国网××公司	专业分类	后勤	详细分类	后勤
	发现人	×××	发现人单位	国网××公司	发现日期		2018-4-10
	事故隐患内容	国网××公司 35kV×××站 35kV 控制室屋顶出现渗水痕迹，不满足《国家电网公司无人值守变电站运维管理规定》[国网（运检/4）302—2014]第九十条第六款"下雨时对房屋渗漏、排水情况进行检查；雨后检查地下室、电缆沟、电缆隧道等积水情况，并及时排水，设备室潮气过大时做好通风"的要求。如降雨量大，屋顶雨水滴至保护屏端子排，可能使二次回路短接导致设备误动，可能造成《国家电网公司安全事故调查规程（2017 修正版）》2.2.7.1 定义的"35kV 以上输变电设备异常运行或被迫停止运行，并造成减供负荷者"的七级电网事件					
	可能导致后果	可能造成异常停运的七级电网事件			归属职能部门	运维检修	
预评估	预评估等级	一般隐患	预评估负责人签名	×××	预评估负责人签名日期	2018-4-10	
			工区领导审核签名	×××	工区领导审核签名日期	2018-4-17	
评估	评估等级	一般隐患	评估负责人签名	×××	评估负责人签名日期	2018-4-17	
			评估领导审核签名	×××	评估领导审核签名日期	2018-4-17	
治理	治理责任单位	国网××公司		治理责任人	×××		
	治理期限	自	2018-4-10	至	2018-5-10		
	是否计划项目		是否完成计划外备案		计划编号		
	防控措施	(1) 雨天增加设备巡视次数，及时发现处理屋顶渗漏情况。 (2) 对渗漏情况进行处理，采用塑料布等对运行设备进行遮挡					
	治理完成情况	4 月 24 日，设备管理部安排专人对×××站主控室屋顶进行了防漏处理，处理后 35kV 控制室内环境，满足电气设备安全运行要求。申请验收销号					
	隐患治理计划资金（万元）	0.00		累计落实隐患治理资金（万元）	0.00		
验收	验收申请单位	国网××公司	负责人	×××	签字日期	2018-4-24	
	验收组织单位	国网××公司					
	验收意见	4 月 24 日，组织对×××站主控室渗漏情况进行验收，确认治理情况符合安全运行规程要求，隐患已消除					
	结论	验收合格，治理措施已按要求实施，同意注销		是否消除	是		
	验收组长	×××		验收日期	2018-4-24		

10.13 其他

一般隐患排查治理档案表（1）

国网××公司

发现	隐患简题	国网××公司 4 月 12 日，×××中心试验室绝缘监测检测仪外壳漏电的人身触电隐患		隐患来源	安全检查	隐患原因	人身安全隐患
	隐患编号	国网××公司 2018××××	隐患所在单位	×××中心	专业分类	其他	详细分类	其他
	发现人	×××	发现人单位	×××中心	发现日期		2018-4-12
	事故隐患内容	国网××公司×××中心直流电源特性检测与评估技术实验室绝缘监测检测仪外壳漏电，不符合 Q/GDW 1799.1—2013《国家电网公司电力安全工作规程 变电部分》14.1.4 规定的"试验装置的金属外壳应可靠接地"的要求，试验过程中试验人员接触仪器外壳时可能导致触电，可能造成《国家电网公司安全事故调查规程（2017 修正版）》2.1.2.8 定义的"无人员死亡和重伤，但造成 1~2 人轻伤者"的八级人身事件					
	可能导致后果	可能造成 1~2 人轻伤的八级人身事件			归属职能部门		运维检修
预评估	预评估等级	一般隐患	预评估负责人签名	×××	预评估负责人签名日期		2018-4-12
			工区领导审核签名	×××	工区领导审核签名日期		2018-4-12
评估	评估等级	一般隐患	评估负责人签名	×××	评估负责人签名日期		2018-4-12
			评估领导审核签名	×××	评估领导审核签名日期		2018-4-12
治理	治理责任单位	×××中心		治理责任人		×××	
	治理期限	自	2018-4-12	至		2018-5-25	
	是否计划项目	否	是否完成计划外备案		是	计划编号	
	防控措施	隐患治理前关闭设备电源，并设置围栏，严禁人员进入此区域。检查实验室的其他仪器设备，排查安全隐患。每次进行试验前对接地网和仪器接地线的牢固性进行检查					
	治理完成情况	2018 年 5 月 18 日，将原外壳存在漏电风险的绝缘监测检测仪用横截面 25mm² 的标准软铜线进行可靠接地，符合 Q/GDW 1799.1—2013《国家电网公司电力安全工作规程 变电部分》14.1.4 规定的"试验装置的金属外壳应可靠接地"的要求，国网××院××中心直流电源特性检测与评估技术实验室绝缘监测检测仪外壳漏电安全隐患治理完成					
	隐患治理计划资金（万元）		0.00		累计落实隐患治理资金（万元）		0.00
验收	验收申请单位	国网××公司	负责人	×××	签字日期		2018-5-18
	验收组织单位	国网××公司					
	验收意见	经验收，国网××公司×××中心将原外壳存在漏电风险的绝缘监测检测仪用横截面 25mm² 的标准软铜线进行可靠接地，满足 Q/GDW 1799.1—2013《国家电网公司电力安全工作规程 变电部分》14.1.4 规定的"试验装置的金属外壳应可靠接地"的要求，隐患治理完成，验收合格					
	结论	验收合格，治理措施已按要求实施，同意注销			是否消除		是
	验收组长	×××			验收日期		2018-5-18

一般隐患排查治理档案表（2）

发现	隐患简题	国网××公司 4 月 12 日，×××研究所冲击试验机防护网螺栓松动的物体打击隐患		隐患来源	安全检查	隐患原因	人身安全隐患
	隐患编号	国网×××公司2018××××	隐患所在单位	×××研究所	专业分类	其他	详细分类	其他
	发现人	×××	发现人单位	×××研究所	发现日期		2018-4-12	
	事故隐患内容	国网××公司力学试验室冲击试验机防护网螺栓松动，不符合 DL 5009.1—2014《电力建设安全工作规程　第 1 部分：火力发电》6.4.6.2 "冲击试验时应设置防护围栏"的要求。冲击试验机防护网螺栓松动，冲击试验时，试样冲破防护网后打击人体，可能造成《国家电网公司安全事故调查规程（2017 修正版）》2.1.2.8 定义的"无人员死亡和重伤，但造成 1～2 人轻伤者"的八级人身事件					
	可能导致后果	可能造成 1～2 人轻伤的八级人身事件			归属职能部门		运维检修
预评估	预评估等级	一般隐患	预评估负责人签名	×××	预评估负责人签名日期		2018-4-12
			工区领导审核签名	×××	工区领导审核签名日期		2018-4-12
评估	评估等级	一般隐患	评估负责人签名	×××	评估负责人签名日期		2018-4-12
			评估领导审核签名	×××	评估领导审核签名日期		2018-4-12
治理	治理责任单位	×××研究所		治理责任人		×××	
	治理期限	自	2018-4-12	至		2018-5-31	
	是否计划项目	否	是否完成计划外备案		是	计划编号	
	防控措施	（1）更换、紧固松动的螺栓。 （2）检查防护网的其他部位，排查安全隐患。 （3）每次进行冲击试验前对防护网的牢固性进行检查					
	治理完成情况	2018 年 5 月 28 日，冲击试验机防护网松动的螺栓已完成更换或紧固，冲击试验机的防护网能够起到防护作用，符合 DL 5009.1—2014《电力建设安全工作规程　第 1 部分：火力发电》6.4.6.2 规定的"冲击试验应设置防护围栏"的要求。×××研究所力学试验室冲击试验机防护网螺栓松动的物体打击隐患治理完成					
	隐患治理计划资金（万元）		0.00		累计落实隐患治理资金（万元）		0.00
验收	验收申请单位	国网××公司	负责人	×××	签字日期		2018-5-28
	验收组织单位	×××研究所					
	验收意见	经验收，整改措施已落实，满足 DL 5009.1—2014《电力建设安全工作规程　第 1 部分：火力发电》6.4.6.2 规定的"冲击试验时应设置防护围栏"的要求。安全隐患治理完成					
	结论	验收合格，治理措施已按要求实施，同意注销			是否消除		是
	验收组长	×××			验收日期		2018-5-28

一般隐患排查治理档案表（3）

<table>
<tr><td rowspan="4">发现</td><td>隐患简题</td><td colspan="3">国网××公司 5 月 4 日，×××供电所在用安全带磨损程度超标隐患</td><td>隐患来源</td><td>安全检查</td><td>隐患原因</td><td>人身安全隐患</td></tr>
<tr><td>隐患编号</td><td>国网××公司
2018××××</td><td>隐患所在单位</td><td>×××供电所</td><td>专业分类</td><td>其他</td><td>详细分类</td><td>其他</td></tr>
<tr><td>发现人</td><td>×××</td><td>发现人单位</td><td>国网××公司</td><td>发现日期</td><td colspan="3">2018-5-4</td></tr>
<tr><td>事故隐患内容</td><td colspan="7">国网××公司×××供电所 10-01 号、10-03 号安全带日常维护不到位，带子磨损程度超标仍正常使用，不满足 GB 6095—2009《安全带》7.6 规定的"带子使用期为 3～5 年，发现异常应提前报废"的要求，在安全带使用过程中可能发生高处坠落事故，可能造成《国家电网公司安全事故调查规程（2017 修正版）》2.1.2.8 定义的"无人员死亡和重伤，但造成 1～2 人轻伤者"的八级人身事件</td></tr>
<tr><td rowspan="3">预评估</td><td>可能导致后果</td><td colspan="3">可能造成八级人身事件</td><td>归属职能部门</td><td colspan="3">运维检修</td></tr>
<tr><td rowspan="2">预评估等级</td><td rowspan="2">一般隐患</td><td colspan="2">预评估负责人签名</td><td>×××</td><td>预评估负责人签名日期</td><td colspan="2">2018-5-4</td></tr>
<tr><td colspan="2">工区领导审核签名</td><td>×××</td><td>工区领导审核签名日期</td><td colspan="2">2018-5-4</td></tr>
<tr><td rowspan="2">评估</td><td rowspan="2">评估等级</td><td rowspan="2">一般隐患</td><td colspan="2">评估负责人签名</td><td>×××</td><td>评估负责人签名日期</td><td colspan="2">2018-5-7</td></tr>
<tr><td colspan="2">评估领导审核签名</td><td>×××</td><td>评估领导审核签名日期</td><td colspan="2">2018-5-7</td></tr>
<tr><td rowspan="6">治理</td><td>治理责任单位</td><td colspan="3">×××供电所</td><td>治理责任人</td><td colspan="3">×××</td></tr>
<tr><td>治理期限</td><td>自</td><td colspan="2">2018-5-4</td><td>至</td><td colspan="3">2018-7-4</td></tr>
<tr><td>是否计划项目</td><td></td><td colspan="3">是否完成计划外备案</td><td></td><td>计划编号</td><td></td></tr>
<tr><td>防控措施</td><td colspan="7">（1）立即封存×××供电所 10-01 号、10-03 号磨损程度超标的安全带。
（2）尽快组织购进更换合格安全带</td></tr>
<tr><td>治理完成情况</td><td colspan="7">已更换上述×××供电所磨损程度超标的安全带，并严肃安全带的更换制度，确保安全带状态可随时满足 GB 6095—2009《安全带》7.6 规定的"带子使用期为 3～5 年，发现异常应提前报废"的要求，安全带磨损程度超标隐患已治理</td></tr>
<tr><td>隐患治理计划资金（万元）</td><td colspan="3">0.00</td><td>累计落实隐患治理资金（万元）</td><td colspan="3">0.00</td></tr>
<tr><td rowspan="5">验收</td><td>验收申请单位</td><td>国网××公司</td><td>负责人</td><td colspan="2">×××</td><td>签字日期</td><td colspan="2">2018-5-23</td></tr>
<tr><td>验收组织单位</td><td colspan="7">国网××公司</td></tr>
<tr><td>验收意见</td><td colspan="7">经验收，国网××公司×××供电所 10-01 号、10-03 号安全带已更换，满足 GB 6095—2009《安全带》7.6 规定的"带子使用期为 3～5 年，发现异常应提前报废"的要求，安全带磨损程度超标隐患已治理，验收合格</td></tr>
<tr><td>结论</td><td colspan="3">验收合格，治理措施已按要求实施，同意注销</td><td>是否消除</td><td colspan="3">是</td></tr>
<tr><td>验收组长</td><td colspan="3">×××</td><td>验收日期</td><td colspan="3">2018-5-25</td></tr>
</table>

附录 A 安全隐患评估主要依据

A.1 通用评估依据

(1)《国家电网公司安全隐患排查治理管理办法》（国家电网企管〔2014〕1467号）

(2)《国家电网公司安全事故调查规程（2017修正版）》

A.2 输电专业评估主要依据

(1) GB 50233—2014《110kV～750kV 架空输电线路施工及验收规范》

(2) DL/T 664—2016《带电设备红外诊断应用规范》

(3) DL/T 741—2010《架空输电线路运行规程》

(4) Q/GDW 1799.2—2013《国家电网公司电力安全工作规程 线路部分》

A.3 配电专业评估主要依据

(1) DL/T 601—1996《架空绝缘配电线路设计技术规程》

(2) DL/T 499—2001《农村低压电力技术规程》

(3) SD 292—88《架空配电线路及设备运行规程》

(4) Q/GDW 519—2010《配电网运行规程》

(5) Q/GDW 512—2010《电力电缆线路运行规程》

(6) Q/GDW 643—2011《配网设备状态检修试验规程》

(7) Q/GDW 644—2011《配网设备状态检修导则》

(8) Q/GDW 645—2011《配网设备状态评价导则》

(9) Q/GDW 745—2012《配电网设备缺陷分类标准》

(10) Q/GDW 1738—2012《配电网规划设计技术导则》

(11)《国家电网公司电缆通道管理规范》（国家电网生〔2010〕637号）

A.4 变电专业评估主要依据

(1) Q/GDW 1799.1—2013《国家电网公司电力安全工作规程 变电部分》

(2) Q/GDW 750—2012《智能变电站运行管理规范》

(3) Q/GDW 751—2012《变电站智能设备运行维护导则》

(4) Q/GDW 752—2012《变电站智能巡视功能规范》

(5) Q/GDW 753.1—2012《智能设备交接验收规范 第1部分：一次设备状态监测》

(6) Q/GDW 753.2—2012《智能设备交接验收规范 第2部分：电子式互感器》

(7) Q/GDW 753.3—2012《智能设备交接验收规范 第3部分：变电站智能巡视》

(8) Q/GDW 753.4—2012《智能设备交接验收规范 第4部分：站用交直流一体化电源》

A.5 调度及二次系统专业评估主要依据

(1)《电力二次系统安全防护规定》（国家电力监管委员会令第5号）

(2)《电力二次系统安全防护总体方案》（国家电监会电监安全〔2006〕34号）

(3) GB 50174—2017《数据中心设计规范》

(4) GB/T 14285—2006《继电保护和安全自动装置技术规程》

(5) DL/T 5003—2017《电力系统调度自动化设计规程》

(6) DL/T 1040—2007《电网运行准则》

(7) Q/GDW Z461—2010《地区智能电网调度技术支持系统应用功能规范》

（8）Q/GDW 680.1—2011《智能电网调度技术支持系统　第 1 部分：体系架构及总体技术要求》

A.6　电网规划专业评估主要依据

（1）《电力安全事故应急处置和调查处理条例》（国务院第 599 号令）

（2）Q/GDW 1738—2012《配电网规划设计技术导则》

（3）Q/GDW 1865—2012《国家电网公司配电网规划内容深度规定》

（4）Q/GDW 11019—2013《农网 35kV 配电化技术导则》

（5）Q/GDW 11147—2013《分布式电源接入配电网设计规范》

（6）Q/GDW 11148—2013《分布式电源接入系统设计内容深度规定》

（7）Q/GDW 11178—2013《电动汽车充换电设施接入电网技术规范》

（8）《国家电网公司关于加强配电网规划与建设工作的意见》（国家电网发展〔2013〕1012 号）

（9）《配电网典型供电模式》（发展规二〔2014〕21 号）

（10）《国家电网公司配电网规划管理规定》（国家电网企管〔2014〕67 号）

A.7　营销专业评估主要依据

（1）GB/Z 29328—2012《重要电力用户供电电源及自备应急电源配置技术规范》

（2）DL/T 448—2016《电能计量装置技术管理规程》

（3）DL 825—2002《电能计量装置安装接线规则》

（4）《关于加强重要电力用户供电电源及自备应急电源配置监督管理的意见》（电监安全〔2008〕43 号）

A.8　信息专业评估主要依据

（1）GB/T 22239—2008《信息安全技术　信息系统安全等级保护基本要求》

（2）Q/GDW 1595—2014《国家电网公司管理信息系统安全等级保护技术验收规范》

（3）《国家电网有限公司十八项电网重大反事故措施（2018 年修订版）及编制说明》

（4）Q/GDW 1343—2014《国家电网公司信息机房设计及建设规范》

（5）《信息安全技术督查工作规定》

（6）《国家电网公司网络与信息系统安全管理办法》〔国网（信息/2）401—2018〕

（7）Q/GDW 11445—2015《国家电网公司管理信息系统安全基线要求》

A.9　通信专业评估主要依据

（1）DL/T 548—2012《电力系统通信站过电压防护规程》

（2）DL/T 544—2012《电力通信运行管理规程》

（3）Q/GDW 756—2012《电力通信系统安全检查工作规范》

（4）Q/GDW 595—2011《国家电网公司管理信息系统安全等级保护验收规范》

（5）Q/GDW 721—2012《电力通信现场标准化作业规范》

（6）Q/GDW 720—2012《电力通信检修管理规程》

（7）Q/GDW 754—2012《电力调度交换网组网技术规范》

（8）Q/GDW 759—2012《电力系统通信站安装工艺规范》

（9）Q/GDW 760—2012《电力通信运行方式管理规定》

（10）《国家电网公司信息网络机房设计及建设规范》（信息

计划〔2006〕79号）

（11）《国家电网公司信息系统上下线管理办法》（国家电网信息〔2009〕1277号）

A.10　交通专业评估主要依据

（1）《中华人民共和国交通安全法》

（2）GB/T 18344—2016《汽车维护、检测、诊断技术规范》

A.11　消防专业评估主要依据

（1）《中华人民共和国消防法》

（2）GB 50222—2017《建筑内部装修设计防火规范》

（3）GB 50016—2014《建筑设计防火规范（2018版）》

（4）DL 5027—2015《电力设备典型消防规程》

（5）《国家电网有限公司十八项电网重大反事故措施（2018

年修订版）及编制说明》

A.12　电力建设专业评估主要依据

（1）DL 5009.2—2013《电力建设安全工作规程　第2部分：电力线路》

（2）DL 5009.3—2013《电力建设安全工作规程　第3部分：变电站》

（3）Q/GDW 1799.1—2013《国家电网公司电力安全工作工程　变电部分》

（4）Q/GDW 1799.2—2013《国家电网公司电力安全工作工程　线路部分》

A.13　安全保卫、后勤等专业评估主要依据

《企业事业单位内部治安保卫条例》（国务院令第421号）

附录 B 安全事件定义依据

本节引用自《国家电网公司安全事故调查规程（2017 修正版）》中对事故定义以及级别划分的部分内容。

B.1 人身事故等级

B.1.1 特别重大人身事故（一级人身事件）

一次事故造成 30 人以上死亡，或者 100 人以上重伤者。

B.1.2 重大人身事故（二级人身事件）

一次事故造成 10 人以上 30 人以下死亡，或者 50 人以上 100 人以下重伤者。

B.1.3 较大人身事故（三级人身事件）

一次事故造成 3 人以上 10 人以下死亡，或者 10 人以上 50 人以下重伤者。

B.1.4 一般人身事故（四级人身事件）

一次事故造成 3 人以下死亡，或者 10 人以下重伤者。

B.1.5 五级人身事件

无人员死亡和重伤，但造成 10 人以上轻伤者。

B.1.6 六级人身事件

无人员死亡和重伤，但造成 5 人以上 10 人以下轻伤者。

B.1.7 七级人身事件

无人员死亡和重伤，但造成 3 人以上 5 人以下轻伤者。

B.1.8 八级人身事件

无人员死亡和重伤，但造成 1~2 人轻伤者。

B.2 电网事故

B.2.1 特别重大电网事故（一级电网事件）

有下列情形之一者，为特别重大电网事故（一级电网事件）：

（1）造成区域性电网减供负荷 30％以上者；

（2）造成电网负荷 20000 兆瓦以上的省（自治区）电网减供负荷 30％以上者；

（3）造成电网负荷 5000 兆瓦以上 20000 兆瓦以下的省（自治区）电网减供负荷 40％以上者；

（4）造成直辖市电网减供负荷 50％以上，或者 60％以上供电用户停电者；

（5）造成电网负荷 2000 兆瓦以上的省（自治区）人民政府所在地城市电网减供负荷 60％以上，或者 70％以上供电用户停电者。

B.2.2 重大电网事故（二级电网事件）

有下列情形之一者，为重大电网事故（二级电网事件）：

（1）造成区域性电网减供负荷 10％以上 30％以下者；

（2）造成电网负荷 20000 兆瓦以上的省（自治区）电网减供负荷 13％以上 30％以下者；

（3）造成电网负荷 5000 兆瓦以上 20000 兆瓦以下的省（自治区）电网减供负荷 16％以上 40％以下者；

（4）造成电网负荷 1000 兆瓦以上 5000 兆瓦以下的省（自治区）电网减供负荷 50％以上者；

（5）造成直辖市电网减供负荷 20％以上 50％以下，或者 30％以上 60％以下的供电用户停电者；

（6）造成电网负荷 2000 兆瓦以上的省（自治区）人民政府所在地城市电网减供负荷 40％以上 60％以下，或者 50％以上 70％以下供电用户停电者；

（7）造成电网负荷 2000 兆瓦以下的省（自治区）人民政府所在地城市电网减供负荷 40％以上，或者 50％以上供电用户停电者；

（8）造成电网负荷 600 兆瓦以上的其他设区的市电网减供负荷 60% 以上，或者 70% 以上供电用户停电者。

B.2.3 较大电网事故（三级电网事件）

有下列情形之一者，为较大电网事故（三级电网事件）：

（1）造成区域性电网减供负荷 7% 以上 10% 以下者；

（2）造成电网负荷 20000 兆瓦以上的省（自治区）电网减供负荷 10% 以上 13% 以下者；

（3）造成电网负荷 5000 兆瓦以上 20000 兆瓦以下的省（自治区）电网减供负荷 12% 以上 16% 以下者；

（4）造成电网负荷 1000 兆瓦以上 5000 兆瓦以下的省（自治区）电网减供负荷 20% 以上 50% 以下者；

（5）造成电网负荷 1000 兆瓦以下的省（自治区）电网减供负荷 40% 以上者；

（6）造成直辖市电网减供负荷达到 10% 以上 20% 以下，或者 15% 以上 30% 以下供电用户停电者；

（7）造成省（自治区）人民政府所在地城市电网减供负荷 20% 以上 40% 以下，或者 30% 以上 50% 以下供电用户停电者；

（8）造成电网负荷 600 兆瓦以上的其他设区的市电网减供负荷 40% 以上 60% 以下，或者 50% 以上 70% 以下供电用户停电者；

（9）造成电网负荷 600 兆瓦以下的其他设区的市电网减供负荷 40% 以上，或者 50% 以上供电用户停电者；

（10）造成电网负荷 150 兆瓦以上的县级市电网减供负荷 60% 以上，或者 70% 以上供电用户停电者；

（11）发电厂或者 220 千伏以上变电站因安全故障造成全厂

（站）对外停电，导致周边电压监视控制点电压低于调度机构规定的电压曲线值 20% 并且持续时间 30 分钟以上，或者导致周边电压监视控制点电压低于调度机构规定的电压曲线值 10% 并且持续时间 1 小时以上者；

（12）发电机组因安全故障停止运行超过行业标准规定的大修时间两周，并导致电网减供负荷者。

B.2.4 一般电网事故（四级电网事件）

有下列情形之一者，为一般电网事故（四级电网事件）：

（1）造成区域性电网减供负荷 4% 以上 7% 以下者；

（2）造成电网负荷 20000 兆瓦以上的省（自治区）电网减供负荷 5% 以上 10% 以下者；

（3）造成电网负荷 5000 兆瓦以上 20000 兆瓦以下的省（自治区）电网减供负荷 6% 以上 12% 以下者；

（4）造成电网负荷 1000 兆瓦以上 5000 兆瓦以下的省（自治区）电网减供负荷 10% 以上 20% 以下者；

（5）造成电网负荷 1000 兆瓦以下的省（自治区）电网减供负荷 25% 以上 40% 以下者；

（6）造成直辖市电网减供负荷 5% 以上 10% 以下，或者 10% 以上 15% 以下供电用户停电者；

（7）造成省（自治区）人民政府所在地城市电网减供负荷 10% 以上 20% 以下，或者 15% 以上 30% 以下供电用户停电者；

（8）造成其他设区的市电网减供负荷 20% 以上 40% 以下，或者 30% 以上 50% 以下供电用户停电者；

（9）造成电网负荷 150 兆瓦以上的县级市电网减供负荷 40% 以上 60% 以下，或者 50% 以上 70% 以下供电用户停电者；

（10）造成电网负荷 150 兆瓦以下的县级市电网减供负荷

40%以上，或者50%以上供电用户停电者；

（11）发电厂或者220千伏以上变电站因安全故障造成全厂（站）对外停电，导致周边电压监视控制点电压低于调度机构规定的电压曲线值5%以上10%以下并且持续时间2小时以上者；

（12）发电机组因安全故障停止运行超过行业标准规定的小修时间两周，并导致电网减供负荷者。

B.2.5 五级电网事件

未构成一般以上电网事故（四级以上电网事件），符合下列条件之一者定为五级电网事件：

（1）造成电网减供负荷100兆瓦以上者。

（2）220千伏以上电网非正常解列成三片以上，其中至少有三片每片内解列前发电出力和供电负荷超过100兆瓦。

（3）220千伏以上系统中，并列运行的两个或几个电源间的局部电网或全网引起振荡，且振荡超过一个周期（功角超过360°），不论时间长短，或是否拉入同步。

（4）变电站内220千伏以上任一电压等级母线非计划全停。

（5）220千伏以上系统中，一次事件造成同一变电站内两台以上主变压器跳闸。

（6）500千伏以上系统中，一次事件造成同一输电断面两回以上线路同时停运。

（7）±400千伏以上直流输电系统双极闭锁或多回路同时换相失败。

（8）500千伏以上系统中，开关失灵、继电保护或自动装置不正确动作致使越级跳闸。

（9）电网电能质量降低，造成下列后果之一者：

1）频率偏差超出以下数值：

在装机容量3000兆瓦以上电网，频率偏差超出（50±0.2）赫兹，延续时间30分钟以上。

在装机容量3000兆瓦以下电网，频率偏差超出（50±0.5）赫兹，延续时间30分钟以上。

2）500千伏以上电压监视控制点电压偏差超出±5%，延续时间超过1小时。

（10）一次事件风电机组脱网容量500兆瓦以上。

（11）装机总容量1000兆瓦以上的发电厂因安全故障造成全厂对外停电。

（12）地市级以上地方人民政府有关部门确定的特级或一级重要电力用户电网侧供电全部中断。

B.2.6 六级电网事件

未构成五级以上电网事件，符合下列条件之一者定为六级电网事件：

（1）造成电网减供负荷40兆瓦以上100兆瓦以下者。

（2）变电站内110千伏（含66千伏）母线非计划全停。

（3）一次事件造成同一变电站内两台以上110千伏（含66千伏）主变压器跳闸。

（4）220千伏（含330千伏）系统中，一次事件造成同一变电站内两条以上母线或同一输电断面两回以上线路同时停运。

（5）±400千伏以下直流输电系统双极闭锁或多回路同时换相失败；或背靠背直流输电系统换流单元均闭锁。

（6）220千伏以上500千伏以下系统中，开关失灵、继电保护或自动装置不正确动作致使越级跳闸。

（7）电网安全水平降低，出现下列情况之一者：

1）区域电网、省（自治区、直辖市）电网实时运行中的备用有功功率不能满足调度规定的备用要求；

2）电网输电断面超稳定限额连续运行时间超过 1 小时；

3）220 千伏以上线路、母线失去主保护；

4）互为备用的两套安全自动装置（切机、切负荷、振荡解列、集中式低频低压解列等）非计划停用时间超过 72 小时；

5）系统中发电机组 AGC 装置非计划停用时间超过 72 小时。

（8）电网电能质量降低，造成下列后果之一者：

1）频率偏差超出以下数值：

在装机容量 3000 兆瓦以上电网，频率偏差超出（50±0.2）赫兹。

在装机容量 3000 兆瓦以下电网，频率偏差超出（50±0.5）赫兹。

2）220 千伏（含 330 千伏）电压监视控制点电压偏差超出±5％，延续时间超过 30 分钟。

（9）装机总容量 200 兆瓦以上 1000 兆瓦以下的发电厂因安全故障造成全厂对外停电。

（10）地市级以上地方人民政府有关部门确定的二级重要电力用户电网侧供电全部中断。

B.2.7 七级电网事件

未构成六级以上电网事件，符合下列条件之一者定为七级电网事件：

（1）35 千伏以上输变电设备异常运行或被迫停止运行，并造成减供负荷者。

（2）变电站内 35 千伏母线非计划全停。

（3）220 千伏以上单一母线非计划停运。

（4）110 千伏（含 66 千伏）系统中，一次事件造成同一变

电站内两条以上母线或同一输电断面两回以上线路同时停运。

（5）直流输电系统单极闭锁；或背靠背直流输电系统单换流单元闭锁。

（6）110 千伏（含 66 千伏）系统中，开关失灵、继电保护或自动装置不正确动作致使越级跳闸。

（7）110 千伏（含 66 千伏）变压器等主设备无主保护，或线路无保护运行。

（8）地市级以上地方人民政府有关部门确定的临时性重要电力用户电网侧供电全部中断。

B.2.8 八级电网事件

未构成七级以上电网事件，符合下列条件之一者定为八级电网事件：

（1）10 千伏（含 20 千伏、6 千伏）供电设备（包括母线、直配线）异常运行或被迫停止运行，并造成减供负荷者。

（2）10 千伏（含 20 千伏、6 千伏）配电站非计划全停。

（3）直流输电系统被迫降功率运行。

（4）35 千伏变压器等主设备无主保护，或线路无保护运行。

B.3 设备事故

B.3.1 特别重大设备事故（一级设备事件）

有下列情形之一者，为特别重大设备事故（一级设备事件）：

（1）造成 1 亿元以上直接经济损失者；

（2）600 兆瓦以上锅炉爆炸者；

（3）压力容器、压力管道有毒介质泄漏，造成 15 万人以上转移者。

B.3.2 重大设备事故（二级设备事件）

有下列情形之一者，为重大设备事故（二级设备事件）：

（1）造成 5000 万元以上 1 亿元以下直接经济损失者；

（2）600 兆瓦以上锅炉因安全故障中断运行 240 小时以上者；

（3）压力容器、压力管道有毒介质泄漏，造成 5 万人以上 15 万人以下转移者。

B.3.3　较大设备事故（三级设备事件）

有下列情形之一者，为较大设备事故（三级设备事件）：

（1）造成 1000 万元以上 5000 万元以下直接经济损失者；

（2）锅炉、压力容器、压力管道爆炸者；

（3）压力容器、压力管道有毒介质泄漏，造成 1 万人以上 5 万人以下转移者；

（4）起重机械整体倾覆者；

（5）供热机组装机容量 200 兆瓦以上的热电厂，在当地人民政府规定的采暖期内同时发生 2 台以上供热机组因安全故障停止运行，造成全厂对外停止供热并且持续时间 48 小时以上者。

B.3.4　一般设备事故（四级设备事件）

有下列情形之一者，为一般设备事故（四级设备事件）：

（1）造成 100 万元以上 1000 万元以下直接经济损失者；

（2）特种设备事故造成 1 万元以上 1000 万元以下直接经济损失者；

（3）压力容器、压力管道有毒介质泄漏，造成 500 人以上 1 万人以下转移者；

（4）电梯轿厢滞留人员 2 小时以上者；

（5）起重机械主要受力结构件折断或者起升机构坠落者；

（6）供热机组装机容量 200 兆瓦以上的热电厂，在当地人民政府规定的采暖期内同时发生 2 台以上供热机组因安全故障停止运行，造成全厂对外停止供热并且持续时间 24 小时以上者。

B.3.5　五级设备事件

未构成一般以上设备事故（四级以上设备事件），符合下列条件之一者定为五级设备事件：

（1）造成 50 万元以上 100 万元以下直接经济损失者。

（2）输变电设备损坏，出现下列情况之一者：

1）220 千伏以上主变压器、换流变压器、高压电抗器、平波电抗器发生本体爆炸、主绝缘击穿。

2）500 千伏以上断路器发生套管、灭弧室或支柱瓷套爆裂。

3）220 千伏以上主变压器、换流变压器、高压电抗器、平波电抗器、换流器（换流阀本体及阀控设备，下同）、组合电器（GIS），500 千伏以上断路器等损坏，14 天内不能修复或修复后不能达到原铭牌出力；或虽然在 14 天内恢复运行，但自事故发生日起 3 个月内该设备非计划停运累计时间达 14 天以上。

4）500 千伏以上电力电缆主绝缘击穿或电缆头损坏。

5）500 千伏以上输电线路倒塔。

6）装机容量 600 兆瓦以上发电厂或 500 千伏以上变电站的厂（站）用直流全部失电。

（3）10 千伏以上电气设备发生下列恶性电气误操作：带负荷误拉（合）隔离开关、带电挂（合）接地线（接地开关）、带接地线（接地开关）合断路器（隔离开关）。

（4）主要发电设备和 35 千伏以上输变电主设备异常运行已达到现场规程规定的紧急停运条件而未停止运行。

（5）发电厂出现下列情况之一者：

1）因安全故障造成发电厂一次减少出力 1200 兆瓦以上。

2）100 兆瓦以上机组的锅炉、发电机组损坏，14 天内不能修复或修复后不能达到原铭牌出力；或虽然在 14 天内恢复运行，但自事故发生日起 3 个月内该设备非计划停运累计时间达 14 天以上。

3）水电厂（抽水蓄能电站）大坝漫坝、水淹厂房、或火电厂灰坝垮坝。

4）水电机组飞逸。

5）水库库盆、输水道等出现较大缺陷，并导致非计划放空处理；或由于单位自身原因引起水库异常超汛限水位运行。

6）风电场一次减少出力 200 兆瓦以上。

（6）通信系统出现下列情况之一者：

1）省电力公司级以上单位本部通信站通信业务全部中断；

2）国家电力调度控制中心、国家电网调控分中心或省电力调度控制中心与直接调度范围内 10％以上厂站的调度电话、调度数据网业务及实时专线通信业务全部中断；

3）国家电力调度控制中心、国家电网调控分中心或省电力调度控制中心与直接调度范围内 30％以上厂站的调度数据网业务全部中断；

4）国家电力调度控制中心、国家电网调控分中心或省电力调度控制中心与直接调度范围内 30％以上厂站的调度电话业务全部中断，且持续时间 4 小时以上。

（7）国家电力调度控制中心或国家电网调控分中心、省电力调度控制中心调度自动化系统 SCADA 功能全部丧失 8 小时以上，或延误送电、影响事故处理。

（8）由于施工不当或跨越线路倒塔、断线等原因造成高铁停运或其他单位财产损失 50 万元以上者。

（9）火工品、剧毒化学品、放射品丢失；或因泄漏导致环境污染造成重大影响者。

（10）主要建筑物垮塌。

（11）大型起重机械主要受力结构或机构发生严重变形或失效；飞行器坠落（不涉及人员）；运输机械、牵张机械、大型基础施工机械主要受力结构件发生断裂。

（12）机房不间断电源系统、直流电源系统故障，造成下列后果之一者：

1）A 类机房中的自动化、信息或通信设备失电，且持续时间 8 小时以上；

2）B 类机房中的自动化、信息或通信设备失电，且持续时间 24 小时以上；

3）C 类机房中的自动化、信息或通信设备失电，且持续时间 72 小时以上。

（13）机房空气调节系统停运，造成下列后果之一者：

1）A 类机房中的自动化、信息或通信设备被迫停运，且持续时间 8 小时以上；

2）B 类机房中的自动化、信息或通信设备被迫停运，且持续时间 24 小时以上；

3）C 类机房中的自动化、信息或通信设备被迫停运，且持续时间 72 小时以上。

B.3.6 六级设备事件

未构成五级以上设备事件，符合下列条件之一者定为六级设备事件：

（1）造成 20 万元以上 50 万元以下直接经济损失者。

（2）输变电设备损坏，出现下列情况之一者：

1）110 千伏（含 66 千伏）以上 220 千伏以下主变压器、换流变压器、平波电抗器发生本体爆炸、主绝缘击穿。

2）220 千伏以上 500 千伏以下断路器发生套管、灭弧室或支柱瓷套爆裂。

3）110 千伏（含 66 千伏）以上 220 千伏以下主变压器、换流变压器、换流器、交（直）流滤波器、平波电抗器、高压电抗器、组合电器（GIS），220 千伏以上 500 千伏以下断路器等损坏，14 天内不能修复或修复后不能达到原铭牌出力；或虽然在 14 天内恢复运行，但自事故发生日起 3 个月内该设备非计划停运累计时间达 14 天以上。

4）220 千伏以上主变压器、换流变压器、高压电抗器、平波电抗器、换流器（换流阀本体及阀控设备，下同）、组合电器（GIS），500 千伏以上断路器等损坏，7 天内不能修复或修复后不能达到原铭牌出力；或虽然在 7 天内恢复运行，但自事故发生日起 3 个月内该设备非计划停运累计时间达 7 天以上 14 天以下。

5）220 千伏以上 500 千伏以下电力电缆主绝缘击穿或电缆头损坏。

6）220 千伏以上 500 千伏以下输电线路倒塔。

7）装机容量 600 兆瓦以下发电厂、220 千伏以上 500 千伏以下变电站的厂（站）用直流全部失电。

8）装机容量 600 兆瓦以上发电厂或 500 千伏以上变电站的厂（站）用交流全部失电。

（3）3 千伏以上 10 千伏以下电气设备发生下列恶性电气误操作：带负荷误拉（合）隔离开关、带电挂（合）接地线（接地开关）、带接地线（接地开关）合断路器（隔离开关）。

（4）3 千伏以上电气设备，发生下列一般电气误操作，使主设备异常运行或被迫停运：

1）误（漏）拉合断路器（开关）、误（漏）投或停继电保护

及安全自动装置（包括连接片）、误设置继电保护及安全自动装置定值；

2）错误下达调度命令、错误安排运行方式、错误下达继电保护及安全自动装置定值或错误下达其投、停命令。

（5）3 千伏以上电气设备，因以下原因使主设备异常运行或被迫停运：

1）继电保护及安全自动装置人员误动、误碰、误（漏）接线；

2）继电保护及安全自动装置（包括热工保护、自动保护）的定值计算、调试错误；

3）热机误操作：误停机组、误（漏）开（关）阀门（挡板）、误（漏）投（停）辅机等；

4）监控过失：人员未认真监视、控制、调整等。

（6）发电厂出现下列情况之一者：

1）发电机组非计划停止运行或停止备用 7 天以上 14 天以下。

2）发电机组烧损轴瓦；或水电机组过速停机。

3）水电厂（抽水蓄能电站）泄洪闸门等重要防洪设施不能按调度要求启闭。

4）由于水工设备、水工建筑损坏或其他原因，造成水库不能正常蓄水。

5）主要构建筑物缺陷导致非计划停机处理。

6）风电机组塔筒或塔架倒塌；或机舱着火、坠落；或桨叶折断；或机组飞车。

7）风电场一次减少出力 100 兆瓦以上 200 兆瓦以下。

（7）通信系统出现下列情况之一者：

1）地市供电公司级单位本部通信站通信业务全部中断；

2）地市电力调度控制中心与直接调度范围内 30% 以上厂站的

调度电话业务、调度数据网业务及实时专线通信业务全部中断；

3）地市电力调度控制中心与直接调度范围内 50％以上厂站的调度数据网业务全部中断；

4）地市电力调度控制中心与直接调度范围内 50％以上厂站的调度电话业务全部中断，且持续时间 4 小时以上；

5）500 千伏以上系统中，一个厂站的调度电话业务、调度数据网业务及实时专线通信业务全部中断；

6）220 千伏以上系统中，一条通信光缆或者同一厂站通信设备（设施）故障，导致 8 条以上线路出现一套主保护的通信通道全部不可用，且持续时间 8 小时以上。

（8）地市电力调度控制中心调度自动化系统 SCADA 功能全部丧失 8 小时以上，或延误送电、影响事故处理。

（9）小型基础施工机械主要受力结构件发生断裂；起重机械、运输机械、牵张机械操作系统失灵或安全保护装置失效。

（10）机房不间断电源系统、直流电源系统故障，造成下列后果之一者：

1）A 类机房中的自动化、信息或通信设备失电，且持续时间 4 小时以上；

2）B 类机房中的自动化、信息或通信设备失电，且持续时间 12 小时以上；

3）C 类机房中的自动化、信息或通信设备失电，且持续时间 48 小时以上。

（11）机房空气调节系统停运，造成下列后果之一者：

1）A 类机房中的自动化、信息或通信设备被迫停运，且持续时间 4 小时以上；

2）B 类机房中的自动化、信息或通信设备被迫停运，且持

续时间 12 小时以上；

3）C 类机房中的自动化、信息或通信设备被迫停运，且持续时间 48 小时以上。

B.3.7 七级设备事件

未构成六级以上设备事件，符合下列条件之一者定为七级设备事件：

（1）造成 10 万元以上 20 万元以下直接经济损失者。

（2）输变电设备损坏，出现下列情况之一者：

1）35 千伏以上 110 千伏以下主变压器、换流变压器、平波电抗器发生本体爆炸、主绝缘击穿；

2）35 千伏以上输变电主设备被迫停运，时间超过 24 小时；

3）110 千伏（含 66 千伏、±120 千伏）电力电缆主绝缘击穿或电缆头损坏；

4）35 千伏以上 220 千伏以下输电线路倒塔；

5）110 千伏（含 66 千伏）变电站站用直流全部失电；

6）装机容量 600 兆瓦以下发电厂、220 千伏以上 500 千伏以下变电站的厂（站）用交流全部失电。

（3）发电厂出现下列情况之一者：

1）发电机组非计划停止运行或停止备用 24 小时以上 168 小时以下；

2）酸、碱、氨水等液体大量向外泄漏，构成环境污染事件；

3）同一风电场内 20 台以上风电机组故障停运，或故障停运风电机组总容量超过 50 兆瓦。

（4）通信系统出现下列情况之一者：

1）县供电公司级单位本部通信站通信业务全部中断，且持续时间 8 小时以上；

2）县电力调控分中心调度数据网业务全部中断，且持续时间8小时以上；

3）220千伏（含330千伏）系统中，一个厂站的调度电话业务、调度数据网业务及实时专线通信业务全部中断；

4）220千伏以上系统中，线路一套主保护的通信通道全部不可用，且持续时间8小时以上；

5）一套安全自动装置的通信通道全部不可用，且持续时间72小时以上；

6）承载220千伏以上线路保护、安全自动装置或省级以上电力调度控制中心调度电话业务、调度数据网业务的通信光缆故障，且持续时间8小时以上；

7）省电力公司级以上单位电视电话会议，发生10%以上的参会单位音、视频中断；

8）省电力公司级以上单位行政电话网故障，中断用户数量30%以上，且持续时间4小时以上。

（5）县电力调度控制中心调度自动化系统SCADA功能全部丧失8小时以上，或延误送电、影响事故处理。

（6）发生火灾。

（7）起重机械、运输机械、牵张机械、大型基础施工机械发生严重故障；轻小型重要受力工（机）器具（滑车、卡线器、连接器等）发生严重变形。

（8）机房不间断电源系统、直流电源系统故障，造成下列后果之一者：

1）A类机房中的自动化、信息或通信设备失电，且持续时间2小时以上；

2）B类机房中的自动化、信息或通信设备失电，且持续时间6小时以上；

3）C类机房中的自动化、信息或通信设备失电，且持续时间24小时以上。

（9）机房空气调节系统停运，造成下列后果之一者：

1）A类机房中的自动化、信息或通信设备被迫停运，且持续时间2小时以上；

2）B类机房中的自动化、信息或通信设备被迫停运，且持续时间6小时以上；

3）C类机房中的自动化、信息或通信设备被迫停运，且持续时间24小时以上。

B.3.8　八级设备事件

未构成七级以上设备事件，符合下列条件之一者定为八级设备事件：

（1）造成5万元以上10万元以下直接经济损失者。

（2）10千伏以上输变电设备跳闸（10千伏线路跳闸重合成功不计）、被迫停运、非计划检修、停止备用；或设备异常造成限（降）负荷（输送功率）运行。

（3）35千伏变电站站用直流全部失电。

（4）110千伏（含66千伏）变电站站用交流全部失电。

（5）发电厂出现下列情况之一者：

1）发电机组被迫停止运行或停止备用；

2）主要构建筑物、水库库盆、输水道等出现缺陷需要处理的；

3）主要辅机和公用系统被迫停止运行或停止备用；

4）发电机变压器组主保护非计划停运，导致主保护非计划单套运行，时间超过24小时；

5）供热发电机组对用户停止供热；

6）风电机组故障停运。

（6）通信系统出现下列情况之一者：

1）县供电公司级单位本部通信站通信业务全部中断；

2）县电力调控分中心调度数据网业务全部中断；

3）地市级以上电力调度控制中心通信中心站的调度台全停，或调度交换网汇接中心单台调度交换机故障全停，且持续时间30分钟以上；

4）承载220千伏以上线路保护、安全自动装置或省级以上电力调度控制中心调度电话业务、调度数据网业务的通信光缆纤芯或电缆线路故障，且持续时间8小时以上；

5）调度电话业务、调度数据网业务、线路保护的通信通道或安全自动装置的通信通道非计划中断；

6）地市供电公司级以上单位所辖通信站点单台传输设备、数据网设备，因故障全停，且持续时间8小时以上；

7）地市级以上电力调度控制中心通信中心站的调度交换录音系统故障，造成7天以上数据丢失或影响电网事故调查处理；

8）地市供电公司级以上单位行政电话网故障，中断用户数量30%以上，且持续时间2小时以上。

（7）发生火警。

（8）设备加工机械及其他一般（中小型）施工机械发生严重故障或损坏。

（9）机房不间断电源系统、直流电源系统故障，造成自动化、信息或通信设备失电，并影响业务办理。

（10）机房空气调节系统停运，造成自动化、信息或通信设备被迫停运，并影响业务办理。

B.4 信息系统事件

B.4.1 五级信息系统事件

（1）信息系统发生下列情况之一者：

1）数据（网页）遭篡改、假冒、泄露或窃取，对公司安全生产、经营活动或社会形象产生特别重大影响；

2）一类信息系统72小时以上的数据丢失；

3）二类信息系统144小时以上的数据丢失。

（2）信息网络出现下列情况之一者：

1）省电力公司级以上单位本地信息网络不可用，且持续时间8小时以上；

2）地市供电公司级单位本地信息网络不可用，且持续时间24小时以上；

3）县供电公司级单位本地信息网络不可用，且持续时间72小时以上。

（3）上下级单位间的网络不可用出现下列情况之一者：

1）省电力公司级以上单位与各下属单位间的网络不可用，影响范围达80%，且持续时间8小时以上；

2）省电力公司级以上单位与各下属单位间的网络不可用，影响范围达40%，且持续时间16小时以上；

3）省电力公司级以上单位与公司集中式容灾中心间的网络不可用，且持续时间8小时以上；

4）地市供电公司级单位与全部下属单位间的网络不可用，且持续时间24小时以上。

（4）信息系统业务中断出现下列情况之一者：

1）一类信息系统业务中断，且持续时间8小时以上；

2）二类信息系统业务中断，且持续时间24小时以上；

3）三类信息系统业务中断，且持续时间72小时以上。

（5）信息系统纵向贯通出现下列情况之一者：

1）一类信息系统纵向贯通全部中断，且持续时间12小时以上；

2）二类信息系统纵向贯通全部中断，且持续时间36小时以上。

B.4.2 六级信息系统事件

未构成五级信息系统事件，符合下列条件之一者定为六级信息系统事件：

（1）信息系统发生下列情况之一者：

1）数据（网页）遭篡改、假冒、泄露或窃取，对公司安全生产、经营活动或社会形象产生重大影响；

2）一类信息系统24小时以上的数据丢失；

3）二类信息系统72小时以上的数据丢失。

（2）信息网络出现下列情况之一者：

1）省电力公司级以上单位本地信息网络不可用，且持续时间4小时以上；

2）地市供电公司级单位本地信息网络不可用，且持续时间8小时以上；

3）县供电公司级单位本地信息网络不可用，且持续时间48小时以上。

（3）上下级单位间的网络不可用出现下列情况之一者：

1）省电力公司级以上单位与各下属单位间的网络不可用，影响范围达80%，且持续时间4小时以上；

2）省电力公司级以上单位与各下属单位间的网络不可用，影响范围达40%，且持续时间8小时以上；

3）省电力公司级以上单位与各下属单位间的网络不可用，影响范围达20%，且持续时间24小时以上；

4）省电力公司级以上单位与公司集中式容灾中心间的网络不可用，且持续时间4小时以上；

5）地市供电公司级单位与全部下属单位间的网络不可用，且持续时间12小时以上。

（4）信息系统业务中断出现下列情况之一者：

1）一类信息系统业务中断，且持续时间4小时以上；

2）二类信息系统业务中断，且持续时间12小时以上；

3）三类信息系统业务中断，且持续时间36小时以上。

（5）信息系统纵向贯通出现下列情况之一者：

1）一类信息系统纵向贯通全部中断，且持续时间6小时以上；

2）二类信息系统纵向贯通全部中断，且持续时间18小时以上。

B.4.3 七级信息系统事件

未构成六级以上信息系统事件，符合下列条件之一者定为七级信息系统事件：

（1）信息系统发生下列情况之一者：

1）数据（网页）遭篡改、假冒、泄露或窃取，对公司安全生产、经营活动或社会形象产生较大影响；

2）一类信息系统数据丢失，影响公司生产经营；

3）二类信息系统24小时以上的数据丢失；

4）三类信息系统72小时以上的数据丢失。

（2）信息网络出现下列情况之一者：

1）省电力公司级以上单位本地信息网络不可用，且持续时间1小时以上；

2）地市供电公司级单位本地信息网络不可用，且持续时间4小时以上；

3）县供电公司级单位本地信息网络不可用，且持续时间8

小时以上。

（3）上下级单位间的网络不可用出现下列情况之一者：

1）省电力公司级以上单位与各下属单位间的网络不可用，影响范围达 80％，且持续时间 2 小时以上；

2）省电力公司级以上单位与各下属单位间的网络不可用，影响范围达 40％，且持续时间 4 小时以上；

3）省电力公司级以上单位与各下属单位间的网络不可用，影响范围达 20％，且持续时间 12 小时以上；

4）省电力公司级以上单位与公司集中式容灾中心间的网络不可用，且持续时间 2 小时以上；

5）地市供电公司级单位与全部下属单位间的网络不可用，且持续时间 4 小时以上。

（4）信息系统业务中断出现下列情况之一者：

1）一类信息系统业务中断，且持续时间 2 小时以上；

2）二类信息系统业务中断，且持续时间 6 小时以上；

3）三类信息系统业务中断，且持续时间 18 小时以上。

（5）信息系统纵向贯通出现下列情况之一者：

1）一类信息系统纵向贯通全部中断，且持续时间 3 小时以上；

2）二类信息系统纵向贯通全部中断，且持续时间 6 小时以上；

3）三类信息系统纵向贯通全部中断，且持续时间 48 小时以上。

B.4.4 八级信息系统事件

未构成七级以上信息系统事件，符合下列条件之一者定为八级信息系统事件：

（1）信息系统发生下列情况之一者：

1）数据（网页）遭篡改、假冒、泄露或窃取，对公司安全

生产、经营活动或社会形象产生一定影响；

2）二类信息系统数据丢失，影响公司生产经营；

3）三类信息系统 24 小时以上的数据丢失。

（2）信息网络出现下列情况之一者：

1）地市供电公司级单位本地信息网络不可用，且持续时间 1 小时以上；

2）县供电公司级单位本地信息网络不可用，且持续时间 4 小时以上。

（3）上下级单位间的网络不可用出现下列情况之一者：

1）省电力公司级以上单位与各下属单位间的网络不可用，持续时间 1 小时以上或影响范围达 10％；

2）省电力公司级以上单位与公司集中式容灾中心间的网络不可用，且持续时间 1 小时以上；

3）地市供电公司级单位与全部下属单位间的网络不可用，且持续时间 2 小时以上。

（4）信息系统业务中断出现下列情况之一者：

1）一类信息系统业务中断，且持续时间 1 小时以上；

2）二类信息系统业务中断，且持续时间 3 小时以上；

3）三类信息系统业务中断，且持续时间 9 小时以上。

（5）信息系统纵向贯通出现下列情况之一者：

1）一类信息系统纵向贯通全部中断，且持续时间 1 小时以上；

2）二类信息系统纵向贯通全部中断，且持续时间 3 小时以上；

3）三类信息系统纵向贯通全部中断，且持续时间 24 小时以上。

附录 C 长周期、难治理安全隐患示范案例

本节内容节选自《国家电网公司长周期、难治理安全隐患示范案例》（以下简称《示范案例》）。《示范案例》明确了治理难点和建议的治理或防控措施，作为各单位借鉴、参考的范本，旨在解决基层单位由于内、外部因素的影响，存在部分安全隐患治理周期较长、协调难度大而造成彻底整改治理困难，避免对电网安全运行和可靠供电构成潜在威胁。为规范《示范案例》应用，说明如下：

（1）《示范案例》中采用的有关规程、标准和规定，由于选用案例的历史因素可能会有滞后，所以在实际工作中要注意查新使用。

（2）《示范案例》中所反映的问题仅仅是一种典型情况，各单位应结合实际，举一反三，认真查找本单位存在的长周期、难治理隐患。

（3）隐患排查治理过程完成后，根据隐患成因，把其纳入电网规划、工程（设备）设计阶段予以考虑，避免产生类似隐患，切实提升本质安全水平。

序号	专业	案例	可能导致后果	治理难点	建议治理或防控措施
1	变电	某变电站设备区（开关室）地面有明显不均匀沉降现象，造成设备引线（电缆）拉紧、电缆沟开裂，可能造成支持瓷瓶断裂、开关柜体底部被架空等问题。该隐患治理涉及运行间隔较多，无法单间隔或立即进行全停消除隐患，只能通过采用长时间压密注浆等方法进行复合地基处理	符合《国家电网公司安全事故调查规程（2017 修正版）》2.2.7.1 等条款所对应情况	停电困难	加强对设备巡视，发现情况及时处理；尽早安排整体改造
2	变电	某变电站因城市建设围墙外地貌环境发生变化，变电站外地势抬高，泥土、建筑垃圾堵塞了变电站围墙外的排水沟，强降雨及汛期易造成变电站内涝，引发电网设备事故	符合《国网公司安全事故调查规程（2017 修正版）》2.3.7.1 等条款所对应的情况	由于清理泥土涉及市政、环保等部门，协调处理困难	增加变电站内部排水设备；积极向政府报备
3	变电	某 220kV（或以上）变电站周边环境发生变化，周边存在塑料大棚、垃圾堆场、彩钢瓦等易漂浮物，大风天气可能导致异物漂浮至输变电设备上，引发电网设备事故	符合《国家电网公司安全事故调查规程（2017 修正版）》2.2.7.3 等条款所对应情况	政策处理协调难	加强监控，及时掌握天气情况，在彻底解决前采取措施对易漂浮物进行加固；同时，积极向政府报备，督促相关单位尽快整改
4	变电	部分变电站处在地质灾害多发地区，在雨季或汛期，小规模山体滑坡事件多发，对站内设备正常运行造成严重威胁	符合《国家电网公司安全事故调查规程（2017 修正版）》2.1.2.8、2.3.6.2、2.2.7.1 等条款所对应情况	根治山体滑坡工作量大	加强对山体等地质情况的监控，及时掌握天气情况，积极向政府报备，尽快完成整改
5	变电	某变电站半高层构架混凝土老化，可能脱落砸伤下方巡视人员，损坏运行设备。该变电站位于负荷中心，无法全部停电，部分停电时只能对半高层建筑物进行简单维护处理，不能完全消除该隐患	符合《国家电网公司安全事故调查规程（2017 修正版）》2.1.2.8、2.3.7.1 等条款所对应情况	停电困难	加强检查检测，尽早安排半高层构架改造处理

序号	专业	案例	可能导致后果	治理难点	建议治理或防控措施
6	变电	某地区220kV变电站主变压器高中压侧MWB套管存在发热爆炸家族性隐患，易造成电网、设备事故	符合《国家电网公司安全事故调查规程（2017修正版）》2.2.7.1、2.3.7.1等条款所对应情况	因采用该类互感器的主变压器数量较多，套管更换需进行大范围内负荷转供，易造成网架薄弱，电网运行可靠性降低	通过技术手段监测设备状态，发现异常及时处理
7	变电	某直流特高压站极高端YDA相换流变压器分接开关外桶壁连接本体油管法兰油漏油隐患，该隐患可能导致换流变压器油位降低从而引起重瓦斯保护动作，引起单极闭锁	符合《国家电网公司安全事故调查规程（2017修正版）》2.2.7.5等条款所对应情况	特高压线路输送功率大，对区域电网稳定性影响极大，导致停电整改困难	加强对设备巡视，尽早安排停电改造
8	变电	某特高压站多台500kV GIS外置式TA由于呼吸孔设计位于凹槽内、呼吸阀安装时如果工艺不规范，垫圈异常偏移加上周围未涂抹防水胶，存在积水从线圈表面渗入，导致线圈绝缘电阻下降的隐患，可能造成500kV TA二次绝缘严重降低，发展成为TA接地故障，从而导致超高压线路或母线停运	符合《国家电网公司安全事故调查规程（2017修正版）》2.2.5等条款所对应情况	特高压线路输送功率大，对区域电网稳定性影响极大，导致停电整改困难	通过技术手段监测设备状态，发现异常及时进行处理或更换TA
9	变电	部分户外变电站套管引线构架上鸟巢隐患多发，且鸟巢内可能有金属丝，其正下方为主变压器本体及套管，易跌落至主变压器等一次运行设备上，引发设备事故	符合《国家电网公司安全事故调查规程（2017修正版）》2.2.7.1等条款所对应情况	需结合主变压器停役进行，由于停役设备较多，电网风险大，电网运行方式调整需结合多方面协调	加强设备巡视管理，在鸟类繁殖季节增加每月防鸟害特巡；加强所内鸟窝杂物清理
10	变电	部分户内变电站空间普遍狭小，空气对流不畅，室温调节困难，电抗器投运后，本体固有温度较高，存在电抗器发热过高、降温难的隐患	符合《国家电网公司安全事故调查规程（2017修正版）》2.3.6等条款所对应情况	此类变电站多处于城区负荷中心，改造涉及停电用户数多，停电困难	使用临时移动式设备对电抗器内部进行降温、通风，尽早安排停电改造
11	变电	部分市区负荷集中的变电站，接地所用变柜空间狭小，且与其他开关柜同柜设计，散热性较差，夏季用电高峰期间，容易发生自燃，导致母线故障和相邻开关柜燃烧，造成停电事件	符合《国家电网公司安全事故调查规程（2017修正版）》2.3.7.2、2.2.8.1等条款所对应情况	此类变电站多处于城区负荷中心，改造涉及停电用户数多，停电困难	加强监视，尽早安排停电改造
12	变电	部分变电站35kV、10kV开关柜设计的问题，柜内绝缘爬距和空气间隙不足，雨季容易出现内部受潮，导致绝缘性能降低，发生放电击穿隐患	符合《国家电网公司安全事故调查规程（2017修正版）》2.3.7.2、2.2.8.1等条款所对应情况	变电站开关柜数量、种类较多，每一种开关柜的凝露装置安装都要在满足运行规范要求的条件下单独设计。存在间隔多、数量大、耗时长等困难	使用临时移动式设备进行除湿，并根据严重程度进行改造

序号	专业	案例	可能导致后果	治理难点	建议治理或防控措施
13	输电	某山区输电线路塔基边坡存在塌方的隐患，可能引发倒塔事故，不仅影响电网运行安全，还对线路下方行人、车辆造成危险，治理塌方涉及大修项目、工程设计、当地环保政策处理等	符合《国家电网公司安全事故调查规程（2017修正版）》2.1.2.8、2.3.6.2等条款所对应情况	政策处理协调难	加强巡视，对可能滑坡区域设置警示标志，积极向政府报备，同时尽快采取彻底加固处理
14	输电	因鱼塘开挖、毁林开荒、采矿挖沙等对原生地貌进行改变，存在线路塔材、基础损坏甚至线路倒杆的隐患	符合《国家电网公司安全事故调查规程（2017修正版）》2.3.6.2等条款所对应情况	由于土地产权不属于供电企业，即使及时发现，涉及整治工程量大，且需要征得土地产权人的同意	加强巡视，采取临时拉线等措施，积极向政府报备
15	输电	某地区河流众多，河道采砂及清淤现象普遍，多条架空线路都交跨河道，由于采砂、清淤船只竖直方向探针等提升幅度大，极易侵入线路安全距离范围，存在线路跳闸甚至断线隐患	符合《国家电网公司安全事故调查规程（2017修正版）》2.3.6.2等条款所对应情况	要根治此隐患需对杆塔进行升高改造，工作量大、耗时长	在改造前加强巡视，在交跨区段设置警示标志，与采砂及清淤作业单位签订安全协议，并报地方安监部门
16	输电	某线路因厂家制造工艺不良、应力释放不彻底，存在玻璃绝缘子自爆率超标隐患。可导致绝缘击穿，造成线路单相接地	符合《国家电网公司安全事故调查规程（2017修正版）》2.3.6.2等条款所对应情况	更换玻璃绝缘子卡具通用性差，更换效率低，大批量更换耗时长	加强巡视，调拨专用卡具，发现玻璃绝缘子自爆超标时，尽早更换
17	输电	城市电缆通道因雨水流入和地下水渗入，普遍存在积水现象，且积水较难排清，在检修、更换电缆时增大了工作难度，存在因电缆接头、终端受潮爆炸隐患	符合《国家电网公司安全事故调查规程（2017修正版）》2.3.6.2等条款所对应情况	数量大、耗时长	提高新建电缆通道的设计要求，加强施工过程质量监督
18	输电	部分公用电缆通道由于管理缺位，导致电缆受损，存在工井被埋、施工车辆碾压电缆通道等隐患	符合《国家电网公司安全事故调查规程（2017修正版）》2.1.2.8、2.3.6.2等条款所对应情况	由于电缆通道维护涉及市政部门和当地企业，彻底根治，政策协调处理难度大	加强巡视，积极向政府报备
19	配电	某区域配电杆塔上存在较多三线搭挂、光缆钢绞线碰进户线隐患。当前部分通信运营商为了减少投资及架设杆线通道限制等，未经供电公司允许，便在电力专用杆塔上架设通信线路，易造成通信线路工作时人员对高压线距离不足，造成人员伤亡	符合《国家电网公司安全事故调查规程（2017修正版）》2.1.2.8等条款所对应情况	该隐患处理需要政府部门牵头，相关单位共同协商，需要投入较大人力、物力，治理周期长，整治方案制订及实施难度大等困难	加强巡视及时发现、及时制止，建立专项台账，会同政府相关部门做好宣传，加强管理
20	配电	某供电公司辖区内多条公路两侧进行绿化带建设，施工单位在公路两侧进行先期的堆土施工，致使公路两侧的10kV线路对地距离不足，可能导致施工人员及沿线群众触电的人身事件	符合《国家电网公司安全事故调查规程（2017修正版）》2.1.2.8等条款所对应情况	施工单位大多在晚间进行堆土施工，预先缺乏沟通协调，给线路运行单位的跟踪监督带来一定难度	加强巡视，设置警示标志；加强与市政单位沟通联系

序号	专业	案例	可能导致后果	治理难点	建议治理或防控措施
21	配电	配电线路杆塔基本沿公路架设，由于公路改造拓宽形成路中杆，存在车辆碰撞及行人伤害隐患	符合《国家电网公司安全事故调查规程（2017 修正版）》2.1.2.8 等条款所对应情况	由于线路搬迁需要落实线路走廊、迁改费用等，协调困难	加强巡视，设置防撞警示标志，积极向政府报备，加强与道路交通管理部门和施工单位沟通协商
22	调度及二次电力	某变电站保护装置老旧，保护电源板、插件故障频发，因部分保护装置厂家已停产（停业），无法获取相应的备品备件，只能整体改造。但该变电站处于负荷中心，停电困难，很难安排改造时间，无法及时消除保护设备缺陷	符合《国家电网公司安全事故调查规程（2017 修正版）》2.2.7.6、2.2.7.7 等条款对应情况	停电困难	加强运行巡视，做好替代方案，将整体改造列入计划
23	调度及二次电力	某 220kV 变电站监控系统采用（或部分采用）进口设备，已超运行期限，设备备品备件采购和更换当前存在困难，国内主流监控系统供应商不具备部分进口设备技术接管能力，如进行监控系统整体改造需一次设备停电，但该变电站处于负荷中心，停电困难，很难安排改造时间	符合《国家电网公司安全事故调查规程（2017 修正版）》2.2.7.6、2.2.7.7 等条款对应情况	整体改造停电困难	加强运行巡视，发现问题及时消缺。对具备分部实施改造的变电站按先控制层改造，后间隔层改造的分部实施方案列入技改计划；对部分不具备分部改造技术条件的变电站按监控系统整体改造列入技改计划
24	调度及二次电力	某 220kV 变电站继电保护装置的直流电源未实现双重化，由于变电站保护装置的直流电源采用屏顶小母线方式，接线方式复杂；且保护装置为非国网标准化设计产品，直流回路不能完全分开，改造风险大。若该变电站直流母线失电，两套保护将同时失去，造成保护拒动、事故扩大	符合《国家电网公司安全事故调查规程（2017 修正版）》2.2.6.6 等条款对应情况	变电站处于负荷中心，无法及时安排停电	加强直流电源的巡视，发现问题及时消缺；同时尽快对直流系统进行改造
25	调度及二次电力	智能变电站汇控柜都安装在室外，其内部有大量的电子设备，发热量较大，汇控柜设计本身未考虑散热问题，在夏季高温季节存在汇控柜内部温度过高电子设备出现故障，导致变电站保护误动或拒动	符合《国家电网公司安全事故调查规程（2017 修正版）》2.2.6.6、2.2.6.7 等条款所对应情况	解决此问题涉及变电站整体改造，耗时长，治理难度大	使用临时移动式设备进行降温，并尽早安排整体改造
26	电网规划	某 220kV 变电站于 20 世纪 90 年代投运，该站仅有的两台主变压器均满载运行，不满足负荷增长需求，存在区域供电能力严重不足的隐患，设备长期处于满负荷或过负荷运行，严重影响设备的安全运行，造成设备损坏和电网故障，需新建、扩建变电站才能解决此隐患	符合《国家电网公司安全事故调查规程（2017 修正版）》2.2.6.7 等条款所对应情况	新建变电站周期长	尽快完成该区域新建输变电工程审批建设工作
27	电网规划	某区域仅有一座单线单变压器变电站供电，易发生线路、主变压器跳闸事件，造成大面积停电	符合《国家电网公司安全事故调查规程（2017 修正版）》2.2.6.2 等条款所对应情况	新建输电线路同时进行变电站增容	尽快完成该输变电工程审批建设工作

序号	专业	案例	可能导致后果	治理难点	建议治理或防控措施
28	信息	早期投运的变电站通信光缆进站采用单沟道架设，当发生火灾和电力电缆爆炸事故，可能导致本站光通信系统全中断	符合《国家电网公司安全事故调查规程（2017修正版）》2.3.6.7等条款所对应情况	变电站进站光缆双通道改造涉及面广，改造施工风险较大；变电站差异大，需逐个勘察设计，整体改造耗时长	加强巡视；列入计划尽早实施改造，新建变电站监督实施双沟道建设
29	信息	早期投运的变电站通信系统采用单通道连接，存在发生故障导致信息业务中断隐患	符合《国家电网公司安全事故调查规程（2017修正版）》2.4.2.4等条款所对应情况	需按要求完成双通道改造，站内通信系统和站外通信线路改造施工风险大、耗时长	加强对通信系统的巡视和监控，尽快列入计划实施改造
30	建设	新建输变电工程验收时间不足，验收质量难以保证，部分缺陷没有在验收阶段及时发现、消除，导致在运行期集中爆发，但因停电计划安排困难，无法及时完成整改，隐患治理需要较长周期	符合《国家电网公司安全事故调查规程（2017修正版）》2.3.7.2等条款所对应情况	部分缺陷未能及时发现，导致运行期停电困难	合理安排验收工期及验收人员力量，确保不带病投运。加强对新投运输变电工程巡视，发现问题及时解决
31	消防	某供电公司调度办公大楼已使用多年，大楼消防系统运行年限较长，时常出现故障，存在漏水、监控系统失灵等情况，一旦发生火灾可能无法有效控制火情隐患	符合《国家电网公司安全事故调查规程（2017修正版）》2.3.7.6等条款所对应情况	由于客观条件限制，暂时无法进行整体改造	加强巡视，增加临时消防设施。尽快对大楼消防进行更新改造
32	发电	某水电厂6台发电机不同程度存在因定子铁芯端部矽钢片滑出割破定子绕组绝缘层情况。如果矽钢片继续滑出，绝缘层损伤深度继续扩大，可能会引起发电机定子绝缘下降，造成发电机定子接地事故	符合《国家电网公司安全事故调查规程（2017修正版）》2.3.5.5等条款所对应情况	定子改造结合机组大修进行，由于早期设计原因，厂房检修场地受限，需对机组定子逐台改造，治理时间长	加强对设备的监控，根据严重程度排定改造顺序
33	发电、变电	某电厂经过30多年运行，经历多轮设备更新改造，新敷设的电缆逐年增多，老旧电缆清退不彻底，电缆敷设随意、走向无序，电缆缠绕交错、串层现象比较严重，新旧电缆、动力电缆和控制电缆混放在一起，没有分区分层布置，可能引发火灾、设备事故	符合《国家电网公司安全事故调查规程（2017修正版）》2.3.7.6、2.3.7.6等条款所对应情况	运行电缆与清退整理电缆不易区分，容易误剪、误退运行电缆，同时电缆整治与一、二次设备关联，清退敷设电缆常需设备多次停役，因考虑设备等效可用系数，设备停役申请较难	加强巡视，开展红外测温，对电缆桥架采取临时加固措施。根据重要性程度不同，结合设备检修改造采取分期整治措施

附录D 重大、重点隐患"两单一表"模板

安全督办单

（20　年第　　号）

签发人：　　　　　　　时间：　　年　月　日

××××：

你单位存在以下重大、重点安全隐患：

请立即组织整改。　　年　月　日前将安全整改管控表报本督办单发出单位（部门）备案；整改过程中，要发布安全隐患预警，落实风险管控措施；整改完成后，要向督办单发出单位（部门）报告销号。

联系人：　　　　联系电话：

（章）
年　月　日

安全整改反馈单

签发人：　　　　　　　时间：　　年　月　日

××××：

　　　　年　月　日，我单位（部门）已对××××（单位或部门）（20　年第　号）督办的重大、重点安全隐患完成了整改工作。反馈如下：

现申请销号。

联系人：　　　　联系电话：

（章）
年　月　日

安全整改过程管控表（编号：　　　　）

重大、重点隐患	主要整改措施	责任部门（单位）	计划完成时间	备注
	1.			
	2.			
	3.			
	4.			
	5.			

签发：　　　　　审核：　　　　　编制：

联系人：　　　　　联系电话：

安全隐患治理项目绿色通道启动建议书

编制部门				
编制人		审核人	审核日期	年　月　日

安全隐患描述（包括现象及可能产生的危害和后果）：
拟采取治理措施建议：
启动绿色通道治理的原因：

相关部门意见	发展部门	意见：	签字：
	财务部门	意见：	签字：
	安全监督管理部门	意见：	签字：
	物资部门	……	……
	……	……	……

安全隐患治理绿色通道项目备案审批单

单位：　　　　　　　　　　　　　　　　　　　　　　编号：

项目名称			
项目建设必要性：			
项目建设内容：			
项目审批意见	发展部门	意见：	签字：
	财务部门	意见：	签字：
	安全监督管理部门	意见：	签字：
	物资部门	意见：	签字：
	……	……	……
审核会参会人员签字： 日期：　年 月 日			
领导批准： 日期：　年 月 日			
治理完成情况： 签字：			

编号采用"单位（部门）简称＋年份（四位）＋序号（两位）"连续编号。

附录 F　定期评估会议纪要参考模板

安全隐患排查月度定期评估会
会 议 纪 要

×× 月 ×× 日，公司召开 ×× 年 ×× 月份安全隐患排查评估会，会议纪要如下：

一、总体情况（必须具备的内容）

1. 截至 ×× 月 ×× 日，累计排查安全隐患 ×× 项，已整改完成 ×× 项，整改率为 ××。其中，重大隐患 ×× 项，已整改完成 ×× 项，整改率为 ××；一般隐患 ×× 项，已整改完成 ×× 项，整改率为 ××；安全事件隐患 ×× 项，已整改完成 ×× 项，整改率为 ××；其余隐患是否已制定控制及治理措施，计划 ×× 年 ×× 月前治理完成。

2. 安全隐患专业分类情况（可在系统内截图）。

二、当（上）月隐患排查工作开展情况（必须具备的内容）

1. 必须具备的内容包括：安全隐患排查工作开展情况、当月安全隐患评估及治理情况（以上内容均可另附表）。

2. 宜填写的内容包括：本单位开展的专项安全隐患排查工作情况、工作开展中遇到的主要问题和困难及其他工作情况。

三、下（本）月安全隐患排查重点工作（必须具备的内容）

重点说明计划实施的安全隐患排查工作项目、解决难点问题的主要措施、其他安全隐患排查工作要求等内容。

主　持：××

参加会议单位及人员：×× 单位：××；×× 单位：××；×× 单位：××；×× 单位：××

记　录：××

附录 G 国家、行业及地方政府相关法律法规

G.1 国家相关法律法规

《中华人民共和国安全生产法》

《安全生产事故隐患排查治理暂行规定》（国家安全生产监督
管理总局令第 16 号）

G.2 行业相关法律法规

《电力安全生产监督管理办法》（中华人民共和国国家发展和
改革委员会令第 21 号）

《电力安全隐患监督管理暂行规定》（电监安全〔2013〕5 号）

G.3 地方政府相关法律法规

《河北省安全生产风险管控与隐患治理规定》（河北省人民政
府令 2018 年第 2 号）